Chawki Benazzouz

Etude aux interfaces des couches minces Cu/Au/Si et Pd/Au/Si

Chawki Benazzouz

Etude aux interfaces des couches minces Cu/Au/Si et Pd/Au/Si

Elaboration et Techniques de caractérisations des couches minces des systèmes ternaires Cu/Au/Si et Pd/Au/Si

Presses Académiques Francophones

Impressum / Mentions légales
Bibliografische Information der Deutschen Nationalbibliothek: Die Deutsche Nationalbibliothek verzeichnet diese Publikation in der Deutschen Nationalbibliografie; detaillierte bibliografische Daten sind im Internet über http://dnb.d-nb.de abrufbar.
Alle in diesem Buch genannten Marken und Produktnamen unterliegen warenzeichen-, marken- oder patentrechtlichem Schutz bzw. sind Warenzeichen oder eingetragene Warenzeichen der jeweiligen Inhaber. Die Wiedergabe von Marken, Produktnamen, Gebrauchsnamen, Handelsnamen, Warenbezeichnungen u.s.w. in diesem Werk berechtigt auch ohne besondere Kennzeichnung nicht zu der Annahme, dass solche Namen im Sinne der Warenzeichen- und Markenschutzgesetzgebung als frei zu betrachten wären und daher von jedermann benutzt werden dürften.

Information bibliographique publiée par la Deutsche Nationalbibliothek: La Deutsche Nationalbibliothek inscrit cette publication à la Deutsche Nationalbibliografie; des données bibliographiques détaillées sont disponibles sur internet à l'adresse http://dnb.d-nb.de.
Toutes marques et noms de produits mentionnés dans ce livre demeurent sous la protection des marques, des marques déposées et des brevets, et sont des marques ou des marques déposées de leurs détenteurs respectifs. L'utilisation des marques, noms de produits, noms communs, noms commerciaux, descriptions de produits, etc, même sans qu'ils soient mentionnés de façon particulière dans ce livre ne signifie en aucune façon que ces noms peuvent être utilisés sans restriction à l'égard de la législation pour la protection des marques et des marques déposées et pourraient donc être utilisés par quiconque.

Coverbild / Photo de couverture: www.ingimage.com

Verlag / Editeur:
Presses Académiques Francophones
ist ein Imprint der / est une marque déposée de
OmniScriptum GmbH & Co. KG
Heinrich-Böcking-Str. 6-8, 66121 Saarbrücken, Deutschland / Allemagne
Email: info@presses-academiques.com

Herstellung: siehe letzte Seite /
Impression: voir la dernière page
ISBN: 978-3-8381-4772-7

Zugl. / Agréé par: Costantine,Université Mentouri - Constantine, Année 2007

Copyright / Droit d'auteur © 2015 OmniScriptum GmbH & Co. KG
Alle Rechte vorbehalten. / Tous droits réservés. Saarbrücken 2015

SOMMAIRE

Introduction Générale 5

I- Réactions à l'état solide dans les bicouches M_1/M_2 déposées sur du Silicium ..9
I-1. Introduction 9
I-2. Diagramme de phase 9
    I-2-1. Diagrammes binaires solides- solides
    I-2-2. Loi de VÉGARD
    I-2-3. La règle des phases
I-3. Diagramme de phase dans les systèmes ternaires 12
    I-3-1. Système Pb-Bi-Sn
    I-3-2. Séparation du mélange Pb-Ag à l'aide du zinc
I-4. Solubilité et miscibilité réciproque 14
    I-4-1. Alliages à solution solide unique
I-5. Thermodynamique et diagramme de phase des systèmes constituants $M_1/M_2/Si$ 17
    I-5-1. Le Système binaire Cu-Si
    I-5-2 Le système binaire Cu-Au
    I-5-3 Le système binaire Au-Si
    I-5-4. Le système ternaire Cu-Au-Si
I-6. Chaleur de formation 24
    I-6-1. Alliages M_1-M_2 sur Si
    I-6-2. Systèmes binaires M_1/M_2 sur Si
I-7. Diffusion et solubilité solide 26
    I-7-1. Diffusion
    I-7-1-1. Mécanisme de la diffusion
    I-7-1-2 Diffusion des métaux de transition dans le silicium
I-8. Solubilité solide des métaux dans une matrice de silicium 29
I-9. Réaction M/Si et synthèse des siliciures 31
    I-9-1. Caractéristiques des réactions à films minces
    I-9-2. Réaction à l'interface M/Si
    I-9-3. Réaction à l'interface $M_1/M_2/Si$
    I-9-4. Avantage et domaine d'application des siliciures
I-10. Conclusion 34

II- Elaboration des échantillons et techniques de caractérisation 35
II-1 Introduction 35
II-2 Les principales méthodologies de dépôts de matériau sur un substrat 35
II-3 Nettoyage du substrat 35
II-4 Evaporation des couches minces sur du silicium 36
    II-4-1 Dépôt par évaporation
    II-4-2 Dépôt par canon à électrons
II-5 Mesures des épaisseurs des films déposés 42
    II-5-1 Méthode de pesée
    II-5-2 Méthode du temps
    II-5-3 Méthode par oscillateur à quartz
    II-5-4 Méthode expérimentale par RBS
II-6 Traitements thermiques 43
II-7 Techniques de caractérisation 43
    II-7-1 Spectroscopie de rétrodiffusion Rutherford (RBS)
        II-7-1-1 Introduction
        II-7-1-2 Principe de la technique
        II-7-1-3 Concepts de base II-7-1-4 Facteur cinématique
        II-7-1-4 Facteur Cinématique
        II-7-1-5 Section efficace de diffusion
        II-7-1-6 Perte d'énergie
        II-7-1-7 Straggling
    II-7-2 Dispositif expérimental associé à la RBS
        II-7-2-1 Accélérateur linéaire
        II-7-2-2 Chambre à réaction
        II-7-2-3 Détection et chaîne de spectrométrie
        II-7-2-4 Chaîne de spectrométrie
            II-7-2-4-1 Préamplificateur
            II-7-2-4-2 Amplificateur
            II-7-2-4-3 Analyseur multicanaux (MCA)
        II-7-2-5 Programme RUMP (Rutherford Universal Manipulation Program)
    II-7-3 Diffraction de rayons X
        II-7-3-1 Principe de la technique
        II.7-3-2 Conditions d'analyse de nos échantillons DRX
    II-7-4 La microscopie électronique à balayage (MEB)
        II-7-4-1 Principe de la MEB
        II-7-4-2 Avantages et inconvénients du MEB
        II-7-4-3 Imagerie par détection des électrons secondaires
        II-7-4-4 Imagerie par détection des électrons rétrodiffusés .
        II-7-4-5 Conditions opératoires d'analyse des échantillons
II-8 Conclusion 58

III- Etude de la diffusion à la surface des multicouches de Cu/Au sur du silicium monocristallin(100) 59

III-1 Introduction 59
III-2 Expérimentation 59
III-3 Etude des bicouches Cu/Au/Si(100) 60
      III-3-1   Echantillons non recuit
      III-3-2   Echantillons recuit à 200 °C
      III-3-3   Echantillons recuit à 400 °C
III-4 Discussion générale 70
III-5 Conclusion 71

IV- Etude comparative de la diffusion de Cu et Au en surface des systèmes Cu/Au/Si et Au/Cu/Si orientation (111) 73

IV-1 Introduction 73
IV-2 Expérimentation 73
IV-3 Etude des systèmes Cu/Au/Si(111) et Au/Cu/Si(111) 74
      IV-3-1   Echantillons non recuit
      IV-3-2   Echantillons recuit à 200 °C pendant 30 min
      IV-3-3   Echantillons recuit à 400 °C pendant 30 min
IV-4 Discussion générale 89
IV-5 Conclusion 91

V- Etude de la diffusion en surface des systèmes Pd/Au sur du silicium monocristallin (111) et (100) 93

V-1 Introduction 93
V-2 Expérimentation 93
V-3 Etude des systèmes Pd/Au/Si(100) et Pd/Au/Si(111) 94
      V-3-1   Choix des conditions expérimentales
      V-3-2   Echantillons non recuit
      V-3-3   Echantillons recuit à 200 °C pendant 30 min
      V-3-4   Echantillons recuits à 400 °C et au delà, pendant 30 min
V-4 Discussion générale 109
V-5 Conclusion 112

Conclusion générale 113
Bibliographie 115
Annexe : Travaux publiés dans le cadre de ce travail 119

INTRODUCTION GENERALE

La haute performance de la technologie des circuits intégrés à très grande intégration (VLSI, ULSI) nécessite des dispositifs de plus en plus exigeants et une moindre consommation en puissance. Cette évolution vers une plus grande miniaturisation des dispositifs a éveillé un nouvel intérêt dans le développement de nouveaux schémas de métallisation des dispositifs parce qu'ils apparaissent maintenant comme l'un des facteurs limitant la haute fiabilité des dispositifs [1], et l'orientation vers une plus grande intégration.

Il a été montré récemment que la résistivité des métaux d'interconnections peut limiter les performances des dispositifs dans les structures de films minces à multicouches, les dimensions des traits et en rajoutant plus de niveaux de métallisation, d'autre part le temps de réponse RC (3.7 psmm^{-1} pour Al contre 2.2 psmm^{-1} pour Cu) peut décroître en choisissant un film métallique de basse résistivité et un film diélectrique à faible constante diélectrique (ε_{SiO2}=3.9). Jusqu'à présent l'aluminium a été utilisé comme contact ohmique avec le silicium. Mais à cause de son bas point de fusion (660°C), il est susceptible d'électromigration. En effet Al réagit avec le silicium comme substrat à travers une dissolution dans Al. De cette interdiffusion entre Al et Si d'une part et Al et les Siliciures d'autre part, résulte généralement la dégradation des dispositifs. Ainsi, afin de réduire cette électromigration de Al, environ 0.5at% Cu est incorporé dans la couche d'aluminium sans donner les résultats escomptés, au contraire cela accroît la résistivité de la couche d'aluminium de 2.7 à 3.0-3.2 µΩcm [2].

De ce fait l'utilisation des métaux de plus basse résistivité tels Ag, Au et Cu peut s'avérer nécessaire pour des schémas d'interconnexion requérant des dimensions de traits d'interconnections inférieurs ou égales à 2.5 µm [3].

De ce point de vue, le cuivre est plus prometteur en termes de résistivité et de contrainte d'élasticité mécanique. Sa résistivité est environ de moitié celle de l'aluminium (1.67 µΩcm pour Cu contre 2.66 µΩcm pour Al), alors que son plus haut point de fusion (1085°C) par rapport à celui de Al (660°C) lui permet d'avoir une électromigration moindre.

Cependant le remplacement de l'aluminium par du cuivre, n'a pas été sans révéler un certains nombre de défis technologiques. En autre on cite :

- Les problèmes rencontrés dans le décapage du cuivre, ce qui a obligé les concepteurs de dispositifs à contourner le problème en découpant des fenêtres et des tranches [4], dans le diélectrique à base de SiO$_2$, pour les remplir par la suite par du cuivre : méthode du dual ' damascene'.

- Sa très grande diffusivité dans le silicium : ce qui peut mener vers la détérioration des composants électroniques, même à température ambiante [5]. Ceci a nécessité la séparation des régions cuivrées par rapport au silicium par des barrières de diffusion [6] de nitrure de tantale, nitrure de silicium, alliage de TaSiN, etc... cette barrière de diffusion doit être d'abord bien intégré au processus de fabrication, et doit aussi avoir une faible résistivité tout en annihilant la diffusion du cuivre dans Si.
- Enfin l'autre avantage présenté par le cuivre est son paramètre cristallin situé entre celui du silicium et de certains métaux de transition tel que Fe et Co, ce qui a permis et de l'utiliser comme couche tampon [7] pour la déposition épitaxiée de ces métaux.

Les atomes de cuivre sont sans aucun doute les diffusants les plus rapides dans la matrice du silicium. à haute température ($\sim 900°C$), le coefficient de diffusion approche $10^{-4} cm^2/s$ [8]. Les concentrations des défauts natifs telles les dislocations et les lacunes sont très basses dans le silicium monocristallin pour que cette haute diffusivité du Cu puisse être expliquer par un mécanisme de diffusion interstitielle des atomes de cuivre. L'énergie d'activation de ces derniers atomes est de Cu_3Si.

Le traitement thermique du contact Cu/Si a pour conséquence tout d'abord une diffusion des atomes de cuivre puis une réaction interfaciale entre Cu et Si. Dans toute la littérature, il est rapporté que le recuit du système binaire Cu/Si conduit à la formation des siliciures Cu_3Si et Cu_4Si, indépendamment de la nature du substrat utilisé: Si(111) et Si(100) [9], SiO_2 [10], siliciure [11] ou encore silicium amorphe. Cependant la température de formation seuil est estimée à 170°C sur Si et 200°C sur du silicium monocristallin (100) ou (111).

Il est clair que la diffusion du cuivre dans le silicium et l'éventuelle formation des phases siliciures ne pouvaient être longtemps tolérées dans les applications de la technologie des circuits intégrés pour la dégradation des structures dont ils sont responsables [12]. D'où la nécessité d'une barrière qui puisse contrer cette diffusion des atomes de cuivre. A cette fin plusieurs types de barrières de diffusion ont été investiguées:

- Un métal de transition ou une combinaison de deux métaux de transition sur du silicium soient les structures Cu/M/Si et $Cu/M_1/M_2/Si$ avec M_i=(Pd, Cr, Ti, Mo, W, Ta).
- Un siliciure à métal de transition sur du silicium soit la structure $Cu/M_xSi_y/Si$ avec M= (Pd, Au, Ta).
- Un alliage polycristallin ou amorphe composé d'un métal ou d'un siliciure et d'un élément non métallique sur du silicium soient les structures de type Cu/M-N(nitrures)/Si et Cu/M-Si-N/Si.
- Un oxyde ou autres composés plus complexes.

Les barrières à métal de transition se comportent différemment vis-à-vis de la diffusion du cuivre selon que le métal de la barrière soit un métal proche noble (Pd, Pt, Ti,..) ou un métal réfractaire (Mo, W, Ta).

Dans les barrières à métal proche noble, le métal diffuse à l'interface M/Si et réagit avec le silicium à basses températures 200-450°C pour donner naissance à un siliciure MSi, M_2Si ou MSi_2 selon l'intervalle de température de recuit [13,14]. Il a été rapporté une formation de composé siliciure au cours du dépôt même du métal (Cr, Cu) sur Si à température ambiante [15,16] (Systèmes Cu/Si et Cr/Si). De plus, la haute réactivité du cuivre avec le métaux proche nobles et le silicium a pour conséquence la formation de phases métalliques M-Cu [17], en plus des siliciures de cuivre Cu_3Si, Cu_4Si et même Cu_5Si [18,19]. Donc il n'est pas étonnant que ces couches intermédiaires à métal proche noble échouent en tant que barrière pour la diffusion du cuivre au delà de seulement 300°C.

Par contre dans le cas d'une barrière à métal réfractaire, le cuivre est non miscible et ne réagit pas avec le métal réfractaire. Cependant, il peut diffuser à travers les joints de grains de la barrière (métal) polycristalline, ce qui a pour effet de former les siliciures de cuivre en plus du siliciure à métal réfractaire MSi_2 [6,20,21]. Ce type de barrière a montré une bonne stabilité dans l'intervalle de température 500-700°C, et plus particulièrement la barrière de tantale dont la stabilité peut aller jusqu'à 600-650°C.

L'utilisation d'une barrière composée de deux dépôts de métal réfractaire $Cu/M_1/M_2/Si$ [6] peut aussi améliorer la stabilité de la barrière par rapport à un seul métal réfractaire. Ainsi on pourra dire que les principaux problèmes des barrières à couche mince sont soit la haute réactivité du cuivre avec le métal de la barrière soit , ou les deux, la diffusion des atomes de cuivre à travers la couche barrière polycristalline, d'où résulte la réaction du cuivre avec le silicium et la conséquente formation de Cu_3Si et/ou Cu_4Si.

L'efficacité des métaux et leurs alliages en tant que barrières a été améliorée en les amorphisant lors du dépôt dans une atmosphère d'azote (nitrures) ou par pulvérisation avec une composition contrôlée. Cette amorphisation rend la barrière libre de joints de grains, éliminant ainsi les chemins rapides pour la diffusion du cuivre.

Ce manuel est constitué de cinq principaux parties, en plus d'une introduction générale et d'une conclusion générale.

La première partie présente des notions générales sur les systèmes de couches minces binaires et ternaires, les différents diagrammes de phase de ces systèmes et quelques généralités sur les types de siliciures attendus.

La deuxième partie est consacrée d'une part à l'élaboration de nos échantillons qui est une étape essentielle pour la fiabilité de nos résultats et aux rappels des techniques expérimentales mises en ouvre pour la caractérisation de nos échantillons. Cette partie n'a pas pour objectif de détailler les aspects théoriques de chaque technique, mais seulement de rappeler le principe, la mise en œuvre et les principaux renseignements que l'on peut obtenir, dans le but de faciliter la lecture du chapitre suivant.

La suite de ce travail est constituée de trois parties traitant chacune un système ternaire différent. La première partie est consacrée aux résultats obtenus sur la formation et croissance des siliciures aux interfaces du système Cu/Au/Si(100). La seconde est consacrée à une étude comparative de la diffusion de Cu et Au en surface des systèmes Cu/Au/Si et Au/Cu/Si d'orientation (100). Enfin la troisième étude sur la microstructure des bicouches minces déposées de Pd/Au sur du silicium monocristallin d'orientation (111) et (100) où l'interdiffusion et les réactions interfaciales entre une couche mince de palladium et un substrat de Si à travers une couche mince d'Or en fonction de la température ont été étudié . L'effet de l'orientation du substrat sur la croissance et la formation des siliciures est également exploré pour les deux systèmes étudiés.

I-REACTIONS A L'ETAT SOLIDE DANS LES BICOUCHES M_1/M_2 DEPOSEES SUR DU SILICIUM :

I-1. Introduction :

La plupart des problèmes liés à la technologie à base de silicium sont associés à la stabilité et à la fiabilité de l'interface M/Si. Cette instabilité est le résultat de la présence d'une couche d'oxyde natif entre le métal et le silicium et de l'interdifusion, même à température ambiante, conduisant à des fissures mécaniques reliées aux pauvres liaisons interfaciales et contraintes développées durant la déposition du métal. Ainsi le cuivre diffuse rapidement dans le silicium, même à température ambiante, d'où découle la formation de siliciures de cuivre. Pour contrôler la formation de ces siliciures, l'interposition d'une couche barrière est plus que nécessaire. Effectivement des couches minces ternaires sont actuellement utilisées comme barrières de diffusion en microélectronique. Ces matériaux sont caractérisés par un mélange de deux composés qui forment un système quasi binaire et qui sont immiscibles. Leur structure est amorphe ou quasi amorphe. Ils sont très résistants à la recristallisation. Leur propriétés physiques ne sont connues que dans quelques cas bien particuliers et il n'existe à notre connaissance que très peu de données sur leurs propriétés fondamentales bien différentes des propriétés individuelles des deux constituants.

Cependant, le recuit intentionnel des structures M/Si est intéressant à plus d'un titre puisqu'il conduit vers la création de nouvelles structures MxSiy(siliciures)/Si aux propriétés physico-chimiques et électriques plus prometteuses que celle des structures mères M/Si . Ainsi, par exemple, les siliciures des métaux presque nobles offrent de meilleurs stabilité thermique et adhérence sur Si et SiO_2 en comparaison avec les métaux simples sur ses mêmes substrats.

Cette réaction entre M et Si parfois voulue et dans d'autres cas non désirée passe nécessairement par la compréhension des phénomènes diffusionnels qui ont eu lieu à l'interface ainsi que la maîtrise de la croissance des siliciures.

I-2. Diagramme de phase :

Un diagramme de phase est une expression utilisée en thermodynamique ; elle indique une représentation graphique, généralement à deux ou trois dimensions, représentant les domaines de l'état physique ou phase [22] d'un système (corps pur ou mélange de corps purs), en fonction de variables, choisies pour faciliter la compréhension des phénomènes étudiés. Les diagrammes les plus simples concernent un corps pur avec pour variables la température et la pression ; les autres variables souvent utilisées sont l'enthalpie, l'entropie, le volume massique, ainsi que la concentration en masse ou en volume d'un des corps purs constituant un mélange.

I-2-1. Diagrammes binaires solides-solides :

Fig I.1. Formation d'une solution solide interstitielle.

Il est difficile de prévoir l'allure d'un diagramme quel que soit le mélange binaire aussi simple et, a fortiori, aussi compliqué soit-il. On peut cependant classer les solutions solides en deux catégories que sont les solutions interstitielles et les solutions par substitution. Dans le premier cas (figure I.1), les atomes d'un soluté B viennent s'installer dans les interstices, dans les cavités disponibles entre les atomes du solvant A. Ces solutions ne sont possibles que si le diamètre des individus B est très inférieur à celui des cavités disponibles dans le réseau cristallin du solvant A. En général, les atomes ou molécules B ont un diamètre beaucoup plus petit que ceux ou celles de A.

Dans le second cas, les atomes B viennent prendre la place, viennent substituer les atomes A dans le réseau cristallin (figure I.2). Cette situation ne peut pas toujours se réaliser. Expérimentalement on observe que pour qu'il y ait miscibilité réciproque complète, de A dans B et de B dans A, il faut qu'un certain nombre de conditions soient respectées :

I - Les diamètres des individus A et B sont voisins : la différence maximum tolérable est de ± 15 %. On traduit cette réalité en disant que le facteur de dimension doit être inférieur à 15 % :

$$\text{facteur de dimension} = \frac{D_{solvant} - D_{soluté}}{D_{solvant}} < 15\%$$

ii - Les deux composés A et B cristallisent dans le même système cristallin.

iii- Les valences ou degré d'oxydation de A et de B sont les mêmes.

Tout écart à ces trois conditions fait apparaître, fait croître la non miscibilité réciproque.

Fig I.2. Formation d'une solution solide par substitution.

I-2-2. Loi de VÉGARD :

Dans le cas de solutions solides où il y a miscibilité sur toute l'échelle de concentration, le paramètre d de la maille élémentaire de la solution solide varie de façon linéaire entre les paramètres respectifs des deux composés purs.

$$d = d_A \times (\% \text{ atomique de A } + d_B \times (\% \text{ atomique de B})$$

Après avoir vu la diversité et la complexité des systèmes binaires, on peut soupçonner la plus grande diversité et complexité des systèmes ternaires. La représentation en même temps sur une figure des concentrations de 3 constituants et de la variable température ajoute à la difficulté. De nombreux diagrammes ont été étudiés en particulier ceux des alliages métalliques. Les diagrammes mettant en jeu deux sels et l'eau sont aussi très importants puisqu'ils sont la source de nombreuses applications industrielles. La représentation plane n'est plus adéquate puisqu'en plus de trois composants il faudra pouvoir "visualiser" l'effet de la température. Il faut donc faire appel à une représentation spatiale.

I-2-3. La règle des phases :

La relation de la variance est donnée par ν où $\nu = C + 2 - \varphi$. Avec $C = 3$, $\varphi < 5$.
En fait, le plus souvent le paramètre pression sera exclu (diagrammes de phases condensées). Donc $\varphi < 4$. Il faut donc disposer d'une représentation ayant au moins trois dimensions : par exemple deux concentrations et la température.

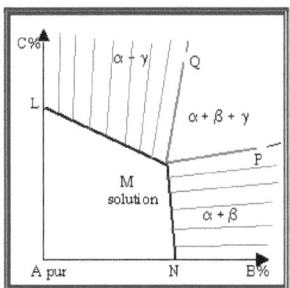

Fig I.3. Représentation d'un système à trois composés à température fixe.

Sur la figure I.3 on a proposé une solution dans un solvant A de deux solutés B et C. L'axe horizontal représente le pourcentage de B et l'axe vertical celui de C. Le quadrilatère ALMN représente le domaine de la solution de B et C dans A. C'est donc une région à une phase ou encore une région monophasée. Le segment MN représente le lieu des points représentant la solution saturée en B. Le quadrilatère non complété BNMP représente la région d'équilibre entre la solution saturée en B et probablement une phase β riche en B. La région PMQ représente une région d'équilibre à trois phases : la solution saturée à la fois en B et en C, la phase β et la phase γ. En admettant que la pression n'est pas un paramètre (les phases sont toutes des phases condensées)

I-3 Diagramme de phase dans les systèmes ternaires :

I-3-1 Système Pb-Bi-Sn :

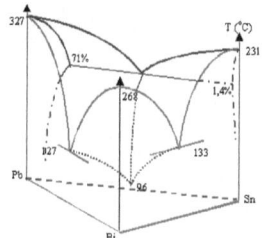

Figure I.4. Diagramme ternaire plomb - bismuth - étain

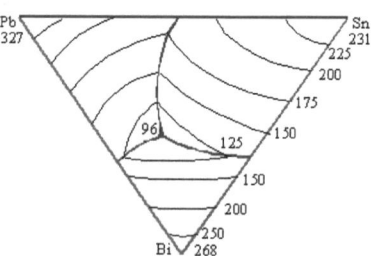

Fig I.5. Projection des courbes de liquidus du diagramme Pb-Bi-Sn, les courbes sont les isothermes des surfaces de liquidus: les chiffres sont les températures en °C

La composition en poids du mélange eutectique ternaire fondant à 96 °C est tel que :
Pb (36 %), Bi (52,5 %) et Sn (15,5)

I-3-2 Séparation du mélange Pb-Ag à l'aide du zinc :

La métallurgie du plomb produit le plus souvent un mélange très pauvre en argent (titre inférieur à 2,6 %). Par refroidissement d'un tel mélange on obtient du plomb puis un eutectique [23] contenant 2,6 % argent (température de fusion de l'eutectique ~ 300 °C) (figure I.6). Ce procédé d'obtention de l'eutectique est appelé le *pattinsonage* : il n'est guère usité car si le plomb contient au départ 2 % d'argent, l'enrichissement en ce métal est très limité. On préfère employer le zincage.

Le zincage

Le zinc est peu soluble dans le plomb, au moins jusqu'à 700 °C (figure I.7). Par contre l'argent se dissout beaucoup plus facilement dans le zinc que dans le plomb. Il se forme même des composés intermédiaires du type Ag_2Zn_5, Ag_2Zn_3, $AgZn$ et Ag_2Zn (figure I.8) [24]. La couche superficielle qui contient la majorité de l'argent, contient un peu de plomb. Elle est chauffée au rouge et y injecte de la vapeur d'eau. Celle-ci oxyde le zinc en ZnO. On sépare alors facilement les scories contenant cet oxyde. La phase liquide restante est essentiellement constituée de plomb et d'argent : point Q du diagramme. On peut maintenant refroidir ce mélange : il précipitera l'argent métallique pur et l'on arrêtera au moment de l'apparition des premiers cristaux d'eutectique argent-plomb. L'argent métallique est séparé et le liquide proche de la composition eutectique est recyclé, de telle sorte que tout l'argent peut être extrait et que le coût en zinc est maintenu au minimum.

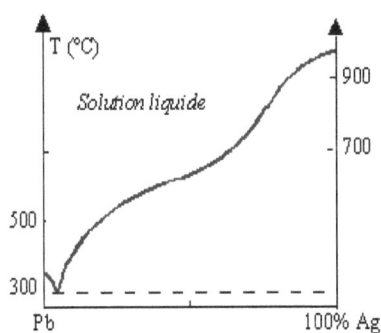

Fig I.6. Diagramme binaire Pb-Ag.

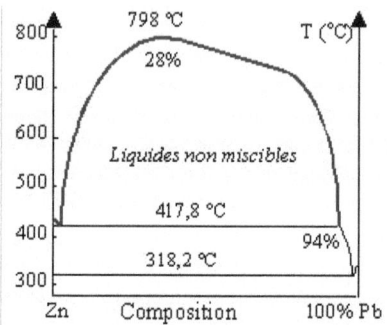

Fig I.7. Diagramme binaire Pb-Zn.

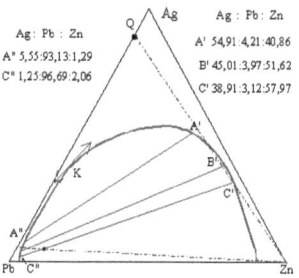

Fig I.8. Diagramme ternaire Pb-Ag-Zn à 650 °C

I-4 Solubilité et miscibilité réciproque :

Dans certaines conditions des corps différents peuvent se mélanger pour donner des mélanges *homogènes*, des *phases uniques*. On dit que ces corps sont miscibles, comme l'eau et l'éthanol par exemple. Dans ce cas, la *miscibilité* est *totale* puisqu'on peut mélanger de l'eau et de l'alcool en *toutes proportions*.

Il peut arriver que la miscibilité des deux corps soit limitée et que l'un des corps accepte de se mélanger à l'autre en plus grande proportion, la réciproque n'étant pas vraie; on dira dans ce cas que les *miscibilités réciproques* sont *limitées* ou *partielles*.

Dans tous les cas, on appelle *solution* (*solide* ou *liquide*) toute phase homogène contenant au moins *deux constituants*.

Lorsque les proportions des constituants sont très différentes, celui qui est « majoritaire » s'appelle le *solvant*, le « minoritaire » s'appelle le *soluté*.

La *composition* d'une solution, qu'elle soit liquide ou solide, peut s'exprimer de différentes manières :

• par son *titre pondéral*, c'est à dire la masse de soluté par litre, ou par kilogramme, de solution
• par sa *concentration molaire*, ou *molarité*, nombre de moles de soluté par litre de solution ou pour 100 moles de solution (pourcentage molaire ou atomique dans le cas des mélanges binaires).

Par exemple, parmi les très importants alliages de fer et de carbone, les fontes et les aciers, l'un a pour formule chimique Fe_3C; son titre molaire en carbone vaut 0,25 (25% atomique : 1 C pour 4 atomes au total), tandis que son titre pondéral vaut 0,0667 à cause de la grande différence de masse atomique entre le fer et le carbone.

Pour que des corps purs, simples ou composés, soient miscibles, il faut qu'ils aient des propriétés physico-chimiques identiques ou voisines, au minimum compatibles; ainsi, les *solvants polaires* comme l'eau dissolvent les composés polaires ou ioniques, pas les composés non polaires comme les hydrocarbures [25].

De la même manière, les métaux ne sont capables de dissoudre que des éléments voisins par leur taille, leur structure électronique ou leur structure cristalline.

Par exemple le cuivre et le nickel sont entièrement miscibles à l'état solide aussi bien qu'à l'état solide et donnent des solutions solides totales : les cupronickels utilisés dans la fabrication des pièces de monnaie.

En revanche, le gallium et l'arsenic, miscibles à l'état liquide en toutes proportions, sont rigoureusement insolubles l'un dans l'autre à l'état solide : ils ne donnent qu'un seul alliage de composition parfaitement définie et de formule chimique GaAs.

La quantité maximum de soluté que peut dissoudre un solvant, à une température donnée, s'appelle *limite de solubilité*. Elle est en général fonction de la température et diminue avec la température le plus souvent [26].

Dans certains cas, deux corps purs peuvent donner une *solution solide intermédiaire*, autour d'une composition donnée correspondant à une formule chimique simple de type A_xB_y où x et y sont entiers. Cette solution solide intermédiaire peut avoir une largeur très variable :

• Lorsqu'elle est infiniment étroite, on dit qu'il s'agit d'un *composé intermédiaire* (exemple : GaAs);

• Lorsqu'elle est large, cela signifie que le composé intermédiaire est capable de dissoudre chacun des deux corps purs; on pourra parler de solution solide intermédiaire « riche en A », ou « riche en B » de part et d'autre de la composition de référence.

I-4-1 Alliages à solution solide unique :

Considérons deux corps purs A et B entièrement miscibles aussi bien à l'état solide qu'à l'état liquide : la composition de la solution solide de B dans A (A solvant et B soluté) ou de A dans B (B solvant, A soluté) varie de façon continue. Le diagramme de solidification se présente sous la forme d'un *fuseau* unique, la courbe supérieure étant le liquidus, la courbe inférieure le solidus.

Cette situation se produit pour les alliages d'éléments très voisins comme le cuivre et le nickel, l'argent et l'or, le silicium et le germanium.

Les alliages sont appelés « *solutions solides de substitution* » car les deux éléments, qui cristallisent dans le même système, occupent indifféremment les positions particulières de la structure. L'atome de soluté se substitue dans la maille à un atome de solvant [27].

Les solutions solides de substitution sont totales lorsque l'écart entre les rayons atomiques est suffisamment petit : $\delta R/R_{inf} < 7\%$. Lorsque $\delta R/R_{inf}$ est compris entre 7 et 14%, il peut apparaître des solutions solides de substitution avec *surstructure*. Une surstructure est une solution solide de substitution *ordonnée*. Il faut noter que les surstructures ne peuvent exister que pour des compositions précises, comme dans le système binaire Cu-Au où elles apparaissent pour Cu_3Au, $CuAu$ et $CuAu_3$ (figure I.9).

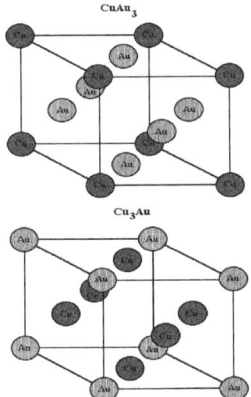

Fig I.9 : Structures CuAu$_3$ et Cu$_3$Au

I-5 Thermodynamique et diagramme de phase des systèmes constituants M$_1$/M$_2$/Si :

En plus de ce système ternaire, trois systèmes binaires peuvent y découler. M1/Si, M$_2$/Si et M$_1$/M$_2$.

I-5-1 Le Système binaire Cu-Si :

Le diagramme de phase correspondant est assez complexe avec la formation possible de trois phases stables riches en cuivre : Cu$_3$Si, Cu$_4$Si et Cu$_5$Si (figure.I.10) [28]. On note l'absence de siliciures riche en silicium et de mono siliciure Les phases en équilibre sont :

1. La phase liquide L.
2. La solution solide finale Si (Silicium en volume)
3. La solution solide finale Cu avec un maximum de solubilité de 11.25% at.Si à la température de 842°C.
4. Es phases intermédiaires allotropiques Cu3Si type η, η', η''.
5. La phase η à haute température est de structure rhomboédrique avec un point de fusion à 859 °C.
    - La phase rhomboédrique η' est stable dans stable dans la plage de température 467-620°C.
    - La phase η'' est orthorhombique et est stable en dessous de 570 °C.
6. La phase cubique intermédiaire Cu$_5$Si$_4$ type ε qui se décompose à 800°C.
7. La phase tétragonale δ qui est stable dans l'intervalle de température 710-824 °C.

8- La phase cubique intermédiaire Cu_4Si type γ qui se décompose à 729 °C.
9- La phase intermédiaire β de structure CFC qui est stable dans l'intervalle 785°C-852°C.
10-   La phase intermédiaire Cu_5Si type χ de structure hexagonale compact qui est stable dans l'intervalle 552°C-842°C.

Les données concernant ces phases sont regroupées dans le tableau I.1

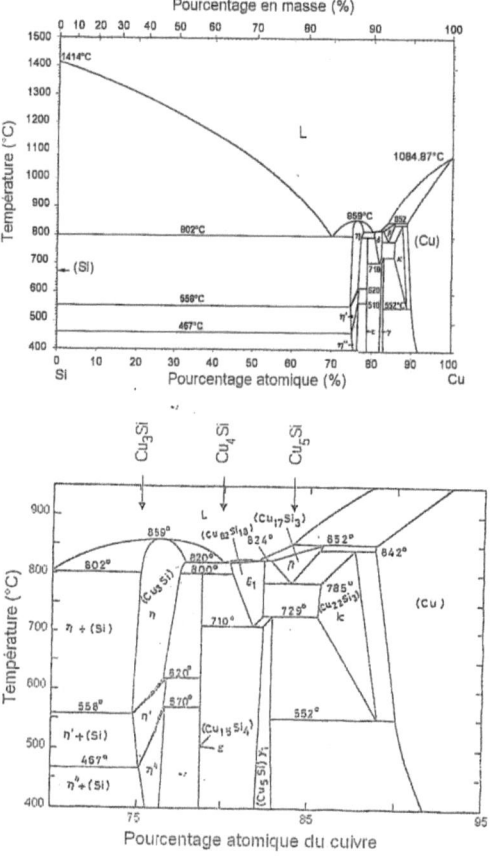

fig I.10   Diagramme de phase du système binaire Cu-Si [29]

I-5-2 Le système binaire Cu-Au :

Plusieurs travaux de recherche ont porté sur le système Cu-Au, plus particulièrement sur l'étude des phases ordonnées AuCu et $AuCu_3$. Le diagramme de phase (figure.I.11) de ce système se caractérise surtout par une phase à solution solide continue en dessous de la ligne dite solidus [30]. Ainsi à basse température T<240 °C, la phase AuCu a été rapporté à différentes valeurs de la concentration probablement parce qu'il est difficile d'atteindre l'état d'équilibre total pour des transformations à basse température.

De même, ces composés stœchiométriques AuCu et $AuCu_3$ sont aussi observés. A environs 385 °C , la phase AuCu (I) de structure tétragonale se transforme en une nouvelle phase allotropique AuCu(II) de structure orthorhombique tableau I.2.[31]

Il est établi que la phase $AuCu_3$ se produit non seulement du coté riche en Or mais aussi du coté riche en cuivre par rapport au point stoechiométrique et est stable sur une large plage de concentration. L'existence de la mixture $AuCu_3$ et d'une solution solide désordonnée Au-Cu est suffisante pour expliquer leur transformation en $AuCu_3(II)$.

Ces phases sont le résultat d'une interdiffusion des atomes d'or et de cuivre. Dumont et Yountz furent les premiers à déterminer la diffusivité à température ambiante Do= $5x10^{-20}$ cm2s-1 ; alors que Alessandrini et Kuptisis déduisirent l'énergie d'activation Ea=0.8 eV dans l'intervalle de température [200,300°C]. D'après la courbe de la figure I.12, le coefficient de diffusion de Au dans Cu décroît rapidement en fonction de la température. Il est rapporté que dans l'intervalle de température [160,220 °C], en premier on a la formation de la phase Cu_3Au suivi de la phase $CuAu_3$. Des observations métallographiques ont montré la croissance de la structure $Cu/Cu_3Si/CuAu_3/Au$ avec des interfaces abruptes. Une énergie d'activation de 1.56 eV est déduite de la couche de dépendance linéaire du coefficient de diffusion en fonction de lza température

La figure I.13 présente le diagramme de phase de Au-Pd

Phase	Compositio% at.Cu	Groupe D'espace	Système et structure	prototype
Si	0	Fd$_3$m	A$_4$	C(diamand)
SiII(HP)	0	I4$_1$/am$_d$	A$_5$	βSn
η ''(a)	75.1 à 76.7	-	-	-
η '(a)	74.8 à 76.8	R$_3$	A$_2$ triclinique	-
η (a)	75.1 à 77.8	R$_3$m	-	-
ε(d)	78.7 à 78.8	-	-	-
δ	80.4 à 82.4	-	-	-
γ(g)	82.4 à 82.85	P4$_1$32	A$_{13}$	βMn
β	82.8 à 85.8	Im$_3$m	A$_2$	W
K(h)	85.5 à 88.95	P6$_3$/mmc	A$_3$	Mg
(Cu)	88.5 à 100	Fm$_3$m	A$_1$	Cu

Tableau I.1 : Données de structure cristalline des siliciures de cuivre

Phase	Composition	Groupe d'espace	Système et structure	Prototype
(Au,Cu)	0 à 10	Fm$_3$m	A$_1$	Cu
(Au3Cu)	10 à 38.5	Pm$_3$m	L12	AuCu3
(AuCuI)	42 à 57	P4/mmm	L10	Au/Cu
(AuCuII)	38.5 à 63	Imma		AuCuII
(AuCu$_3$I)	37 à 81	Pm$_3$m	L12	AuCu$_3$
AuCu$_3$II)	66 à x	P$_4$mm		Cu$_3$Pd

Tableau I.2 : Données de structure cristalline des composés Au-Cu
ternaires sur les siliciures sont établis expérimentalement .Quoique celui du système Cu-Au$_6$Si existe, cependant il n'y a pas beaucoup été étudié. Le peu de résultats rapportés dans la littérature est cerné dans les points suivants :

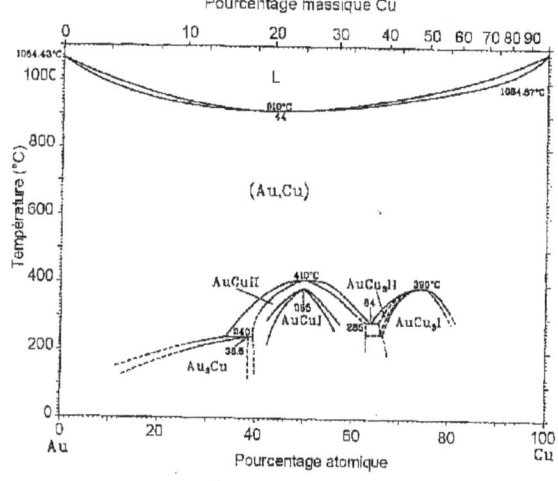

Fig I.11 : Diagramme de phase du système binaire Au-Cu

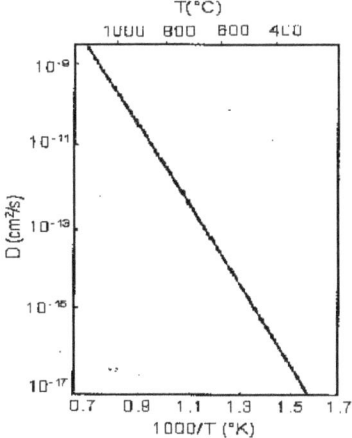

Fig I.12 : Coefficient de diffusion de l'Or dans le cuivre en fonction de la température

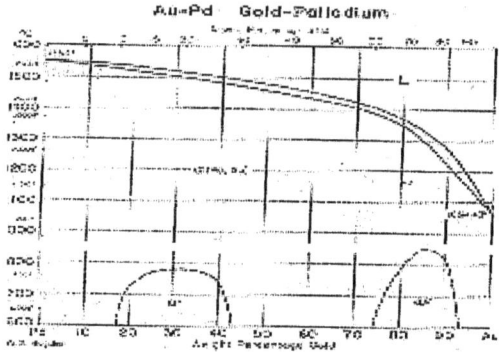

fig I.13 : Diagramme de phase Au-Pd

I-5-3 Le système binaire Au-Si :

C'est un système à simple eutectique (figure I.14), où les phases [32] en équilibre sont :
- Phase liquide L
- La solution solide Au de structure CFC, avec une concentration de Si moindre que 2% at.Si
- La solution solide finale de silicium avec une solubilité solide de l'Or de 2×10^{-4} at.Au
- Des phases amorphes ont été observées dans un grand intervalle de composition allant de 9% à 91 % at.Si.Ce système a fait l'objet d'une intense recherche particulièrement par A. Hiraki et al. [31] qui a rapporté une grande diffusion des atomes de silicium à travers une couche de d'or a une température aussi basse que 150 °C (température eutectique Au-Si égale à 375 °C) ainsi une très basse solubilité solide de Si dans la matrice d'Or. Cette grande migration des atomes de silicium ne peut être exprimée ni en terme de dissolution, vu la basse solubilité solide de Si dans Au , ni en terme de diffusion interstitielle improbable , vu la forte diffusivité de Si .Un modèle fut proposé par J.O.Mc Caldin [32] , semble cependant expliquer assez bien le mécanisme de diffusion. Ce modèle spécule que la présence des autres atomes d'or sur un substrat de silicium relaxe l'énergie inter faciale et conduite à une structure diffuse à l'interface. A la suite de quoi, les atomes de silicium peuvent être éjectés de l'interface et migrer à travers la couche d'or.

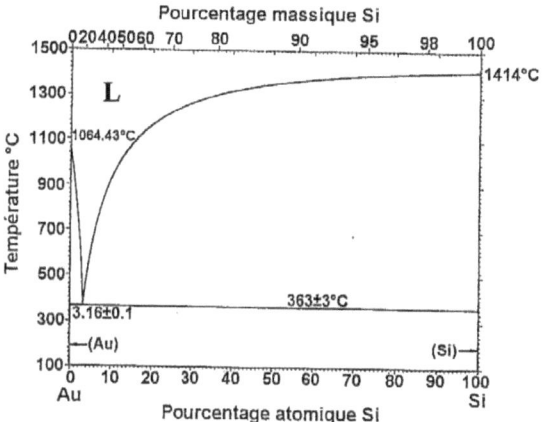

Fig I.14 : Diagramme de phase du système binaire Au-Si

I-5-4 Le Système ternaire Cu-Au-Si :

Le diagramme de phase ternaire est représenté conventionnellement sous la forme d'un triangle équilatérale. Selon la loi de Gibbs, il y a un maximum de trois phases pour un équilibre mutuel à une composition donnée. La zone d'équilibre des trois phases formes des triangles dont les sommets identifient les phases compatibles thermodynamique ment. Chaque coté relie deux phases qui sont en équilibre l'une par rapport à l'autre. L'absence de connexion avec une phase donnée montre son instabilité à la température considérée. Peu de diagrammes de phases

- Aucune phase linéaire n'a été trouvée

- Une tentative de tracé du liquidus est faite dans où un eutectique ternaire est obtenu à 74.7 % at.Au et, 6.1 % at.Cu, 19.2 % at.Si à 337°C , avec la formation de trois phases intermédiaires η-Cu_3Si sans aucun signe de présence d'une phase ternaire.
- La solubilité de Si dans la solution solide (Cu,Au) figure I.15 , a aussi été déterminée à 349°C. On s'aperçoit que la qualité de silicium est faible indépendamment de la quantité d'or injectée dans la matrice de cuivre.
- La solution solide (Cu-Au) est en équilibre à 490 °C avec la phase du système binaire Cu-Si.
- Une variation entre 45 et 65 % at.Au coïncide avec l'existence de phases solides ordonnées dans le système binaire Cu-Si.

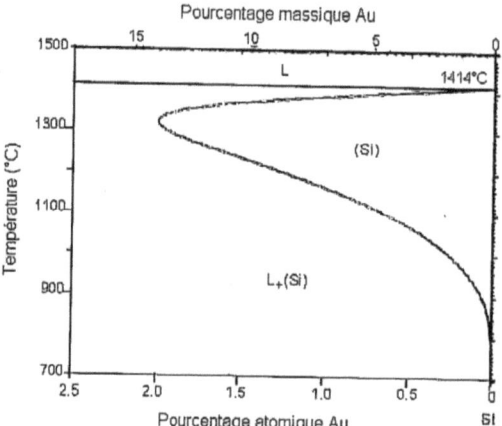

Fig I.15 : Solubilité de l'Or dans une matrice de silicium en fonction de la température

I-6 Chaleur de formation :

I-6-1 Alliages M_1/M_2 sur Si :

Si la plus basse température de la réaction est celle de l'un des deux siliciures $M_{1x}Si_y$ ou $M_{2x}Si_y$ et que l'atome de métal est le diffusant dominant. Dans ce cas, on s'attend à la formation d'un siliciure entre l'alliage M_1-My et le silicium. La structure restante évoluera vers la formation du deuxième siliciure au dépend de l'alliage non consommé. D'un point de vue thermodynamique , on peut dire que lae métal M_1 par exemple réagi avec le silicium à chaque fois que sa chaleur de formation $\Delta HM1$-Si est plus grand que la chaleur de formation ΔHf de la première phase nucléée parmi les deux systèmes M_1-Si et M_2-Si.

I-6-2 Systèmes binaires M_1/M_2 sur Si :

La formation d'un composé ternaire dépend de la solubilité solide qui est à son tour fonction de la dimension de l'atome de substitution, de sa valence et de son potentiel chimique. La formation de composés ternaires est généralement associée aux éléments présentant de grandes différences en valence et en dimensions atomiques Hung et al ont rapporté que la croissance de phases ternaires se produit chaque fois que leur chaleur de formation est compatible avec la somme de ceux des siliciures binaires ($M_{1x}Si_y, M_{2x}Si_y$).

D'après le modèle de Pretorius, basé sur la notion de chaleur de formation effective. Il est possible de prédire la nature de la première phase formée à l'interface et d'expliquer la séquence d'évolution des couches binaires sur Si. Rappelons que le concept de Pretorius à relier l'approche thermodynamique à la présence atomique. La chaleur de formation est calculée par rapport à la composition eutectique garante d'une minimisation de l'énergie interfaciale. Supposons que l'eutectique est donné par x % at.A et y %.at.B (x<y) pour chaque phase ApBq, la chaleur de formation effective est donné par :

$$\Delta H_{eff} = y/q \, \Delta H \text{ si } x \text{ est l'élément limitant la réaction.}$$

Dans ce cas, la première phase siliciure apte à se former est celle ayant la plus basse ΔH_{eff}.

Ce principe a été étendu vers la croissance de la deuxième phase comme étant la deuxième phase congruente la plus riche en élément non réagissant aec la plus basse chaleur de formation effective $\Delta Heff$.

Le calcul de cette chaleur effective pour les systèmes Cu/Si et Au/Cu suggère que les phases Cu_3Si et Au_3Cu sont les composés qui devraient croître aux deux interfaces respectivement.

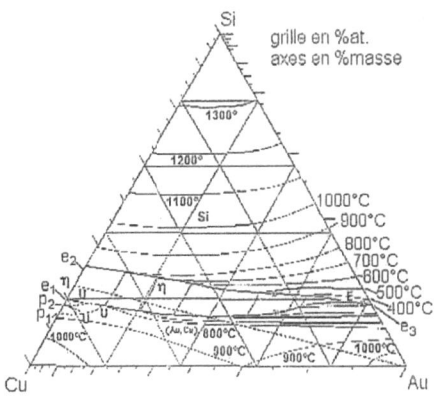

Fig I.16: Diagramme de phase du système ternaire Cu-Au-Si [33]

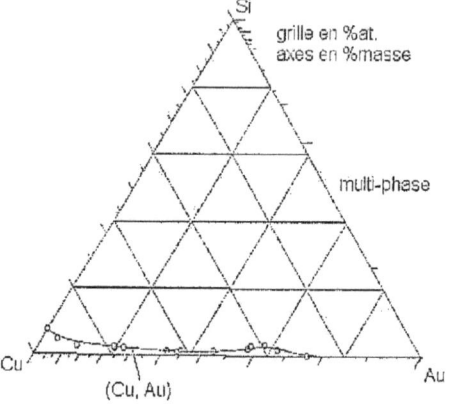

Fig I.17 : Solubilité de Si dans la solution (Cu-Au) à 349°C[34]

I-7 Diffusion et solubilité solide :

I-7-1 Diffusion :

I-7-1-1 Mécanisme de la diffusion :

Le transport activé thermiquement des atomes à travers la matière s'appelle la diffusion. Le flux d'atomes dans un volume granulaire de métal ou d'alliage peut faire intervenir plusieurs modes de diffusion :

- Ils peuvent aussi se propager à la surface de l'échantillon : diffusion en surface. C'est le type de diffusion dominant dans les couches minces, car les atomes sont moins liés. Cette contribution au phénomène général de la diffusion en surface dans les couches minces est très grande par rapport à la diffusion en volume dans les couches épaisses.
- Ils peuvent aussi diffuser le long des joints de grains ; diffusion inter granulaire.
- Ils peuvent enfin longer les dislocations ou tout autre défaut : diffusion par les défauts.
- Les atomes peuvent se déplacer à travers le réseau : diffusion en volume.

Généralement la diffusion par les points de grains et la diffusion par les dislocations porte le non de diffusion en volume. Cette diffusion, accélérée surtout par les courts circuits de diffusion constitués par les joints de grains, a des conséquences importantes dans le phénomène de changement de phase dans les couches minces. Chaque processus pal lequel les atomes se déplacent dans le réseau cristallin. Le trajet de l'atome dans le réseau cristallin est constitué par une série de sauts aléatoires, il excite plusieurs mécanismes de diffusion, faisant appel à des défauts ponctuels :

- Interstitiel : Les atomes d'impuretés se déplacent à travers le cristal, en sautant d'un site interstitiel à un autre site interstitiel adjacent. Le nombre de sauts par seconde est décrit par l'équipe d'Arrhenius. D'autre part, la diffusion est d'autant plus prononcée que la température est élevée.
- Lacunaire et Bi lacunaire : Les atomes se déplacent par les vacances dont les sites sont dues aux fluctuations thermiques dans le réseau.
- Echange inter atomique : On peut facilement imaginer un mécanisme qui permet aux normes de s'échanger leur position respective, ou un mécanisme d'échange cyclique mettant en jeu trois ou plus d'atomes. Le premier est très improbable, vu la forte répulsion des atomes à courte distance qui interdit la position intermédiaire. Dans l'échange cyclique, les forces de répulsion jouent un role actif, chaque atome poussant son voisin au cours d'une sorte de permutation circulaire.

I-7-1-2 Diffusion des métaux de transition dans le silicium :

La première étape dans la formation des siliciures requiert un approvisionnement continu des atomes de silicium et de métal et ce part la rupture des liaisons en surface Si-Si du substrat et M-M de la couche de métal. De façon générale, les métaux de transition sont connus pour leur rapide diffusion dans le silicium, et peuvent etre répertoriés en deux classes différentes :

- La classe des métaux 3d tels que Cu et Ni : la diffusivité augmente avec l'augmentation du nombre atomique (figure. I.8). Pour une température proche de la température de fusion ; les coefficients de diffusion ont un ordre de grandeur de 10-5 cm 2/s, typiques de celle des matrices liquides, avec des énergies d'activation comprise entre {0.5, 1 eV]. Les atomes de cuivre sont connus comme les rapides diffusant dans la matrice de silicium. Dans l(intervalle de température [400 , 900 °C], le coefficient de diffusion de cuivre est égale à :

$$D(T) = 4.7 \times 10^{-3} \exp(-0.47/KT)$$

Ainsi à 600°C, on a D=1.29x10-4 cm2/s

La concentration des défauts natifs, telles que les lacunes, dans le silicium ets tres petite et ces coefficients de diffusion élevés ne peuvent s'expliquer que part un mécanisme de diffusion par interstice indépendamment de la présence des défauts natifs. Ainsi il est connu que dans le cas des éléments Cr,Mn,Fe,Ni et Cu, le mécanisme dominant est le mécanisme de diffusion interstitielle. Dans le cas des disiliciures, les hautes températures auxquelles ont lieu les réactions sont suffisantes pour libérer le silicium du substrat pour une éventuelle réaction tandis qu'aux basses températures de formation des siliciures M_2Si, l'énergie thermique est insuffisante pour dissocier les liaisons Si-Si. Dans ce cas, la formation de ces siliciures est probablement régie par d'autres mécanismes

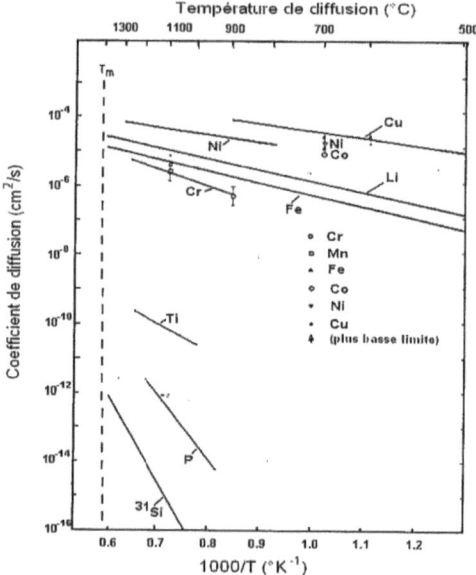

Fig I.19 : Dépendance en température du coefficient de diffusion des métaux 3d et de quelques diffusants substitutionnels dans le silicium [35]

C'est ainsi qu'il a été suggéré qu'une migration interstitielle rapide du métal ait lieu à travers le réseau de silicium pour briser les liaisons du substrat et ainsi contrôlé la formation et la croissance des composés inter faciaux. Par contre pour les métaux des groupes III et V qui forment des liaisons covalentes avec les atomes hôtes diffusant par un mécanisme substitutionnel.

I-8 Solubilité solide des métaux dans une matrice de silicium :

Les variations de la solubilité solides des éléments Cr, Mn, Fe, Co, Ni, et Cu en fonction de la température sont présentés dans la figure 1.9. La solubilité, telle que pour la diffusivité, augmente avec le nombre atomique. A température ambiante, elle est considérée comme inférieur à 1 at/cm3. Dans l'intervalle de température [500, 1400°C], la solubilité solide du cuivre dans le silicium est donnée par :

$$\exp(2.4 - 1.49/KT)$$

Le cuivre se dissout essentiellement dans le silicium, avec une solubilité solide de 0.000124 %at.Si à une température de 842°C.
Toutes les solubilités présente un maximum qui coïncide avec la température eutectique : Les vapeurs des solubilités solides conduisent à faire la distinction entre deux groupes selon les enthalpies de formation dans le silicium.

- Groupe 3d-I (Cr, Mn, Fe et Co) : $\Delta H = 2.1$ eV.
- Groupe 3d-II (Ni et Cu) : $\Delta H = 1.5$ eV.

Une explication basée sur les calculs théoriques stipule que :

Les atomes 3d-I diffusent comme des interstitiels neutres et les atomes 3d-II diffusent comme des interstitiels chargés positivement.

La figure 1.10 présente le diagramme de solubilité de Ti (diffusant lent avec une faible solubilité), Fe (rapide diffusant avec haute solubilité) et enfin Cu (plus rapide diffusant et extrêmement haute solubilité), ainsi que leur diffusivité.
La diffusivité de Ti à la température de 785°C est de 4.3×10^{-11} cm^2/s, laquelle indique que le Titane diffuserai seulement sur 5.6 μm après 3 min. Pour Fe et Cu,

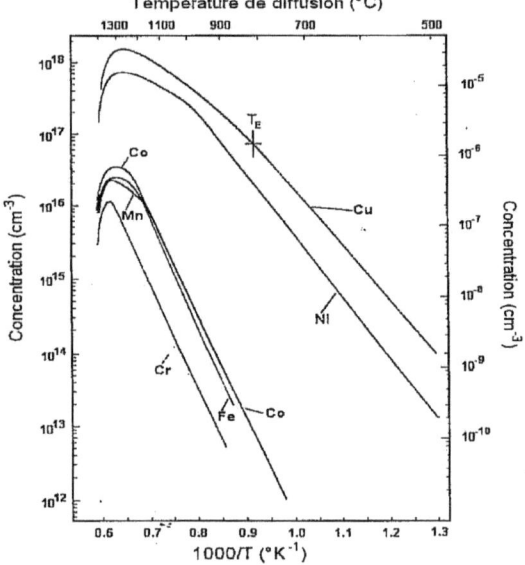

Fig I.20: Solubilité des métaux 3d dans une matrice silicium [36]

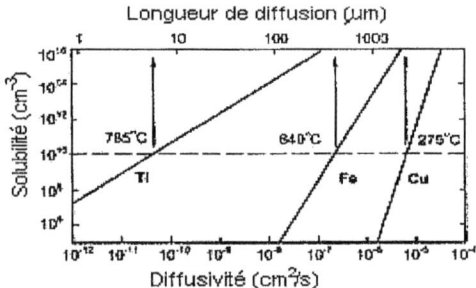

Fig I.21 : Dépendance de la solubilité de Ti, Fe et Cu en fonction de leur diffusivité [37]

I-9 Réaction M/Si et synthèse des siliciures :
I-9-1 Caractéristiques des réactions à films minces :

Deux catégories de réactions, entre les couches métalliques et le silicium, peuvent être répertoriées :

- Des systèmes M/Si qui sont des systèmes à simple eutectique et qui ne forment pas des composés intermétalliques stables, tels les systèmes Au-Si et Al-Si et Ag-Si
- Des systèmes M/Si à interaction, tels que les systèmes Ni-Si, Cr-Si et Cu-Si, où des composés siliciures M_xSi_y sont formés.
- Les structures M/Si, de la deuxième classe, traitées thermiquement sont intéressante à plus d'un titre, du fait qu'elle génèrent de nouvelles matrices M_xM_y avec des propriétés physico-chimique et électriques différentes de celles des structures mères. De nouveaux phénomènes ont été mis en évidence durant les réactions des films minces de métal avec le silicium.
- Formation séquentielle des phases, au lieu de la formation simultanée, généralement observée, dans les couples de diffusion massifs.
- Absence de certains composés prévus par le diagramme d'équilibre des phases.
- Croissance extrêmement rapides de certains phases (réaction explosive).
- Formation d'une très mince sous couche amorphe aux premiers stades de la réaction.
- Ces réactions à l'état solide peuvent avoir lieu à des températures bien au dessous du plus bas point eutectique. c'est à dire avant la formation de toute phase liquide.
- Ma formation des siliciures se caractérise par de basses températures de formation.
- La formation de chaque phase siliciure est caractérisée par son propre intervalle de température.
- L'absence de certains composés prévus par le diagramme d'équilibre des phases.

Parmi leurs propriétés électriques et mécaniques on peut citer :

- Leur stabilité mécanique, leur bonne adhérence et leur faible tension interfaçiale.
- Leur stabilité vis à vis des oxydations prolongées ou courtes quand ils sont en contact avec le silicium ou avec l'oxyde SiO_2.
- Leur stabilité vis à vis des processus technologiques telles que : l'oxydation sèche ou humide, la passivation et la métallisation.
- Absence de contamination des dispositifs ainsi qu'une plus longue durée de vie.

I-9-2 Réaction à l'interface M/Si :

D'habitude, les siliciures sont formés pae recuit thermique d'un composite métal Si, déposé par l'une des méthodes suivantes :

- Métal sur silicium : Le métal peut être déposé par pulvérisation, par évaporation, par CVD ou par électrodéposition.
- Copulvérisation de métal et de silicium sur silicium dans un rapport donnés, à partir de deux cibles indépendantes.
- Pulvérisation du siliciure sur silicium à partir d'une cible du siliciure même.
- Coévaporation de métal et de silicium par double évaporation à canon d'électrons.
- Déposition par vapeur chimique, sous atmosphère contrôlée, du silicium sur du silicium.
- Le siliciure peut être aussi obtenu par implantation du métal dans le silicium.

Le substrat de silicium utilisé peut de structure cristalline ou poly cristalline ou du dioxyde de silicium. Toutes ces techniques de déposition de couches minces utilisent la pulvérisation, l'évaporation, l'implantation ou l'électrodéposition. Les réactions à l'état solide conduisant à la formation de siliciures peuvent avoir lieu à des températures bien au dessous du plus bas point eutectique, c(est & dire avant la formation de toute phase liquide.
La température de la réaction M/Si peut être obtenu par l'une des voies suivante :

- **Recuit conventionnel :**

Les échantillons sont recuit pendant de longues durées, allant de quelques dizaines de minutes à quelques heures, dans des fours électriques (recuit isotherme où la température est fixe) soit à température variante et temps de recuit fixe (recuit isochrone). Dans les deux cas, le recuit s'effectue sous vide ou sous un flux de gaz inerte ou encore sous atmosphère réactive.

- **Recuit rapide :**

  - Recuit par flash laser : l'énergie est transférée à l'échantillon en moins d'une fraction de seconde pour des densités d'énergie allant de 1 à 1000 J/cm3. L'échantillon est alors fondu sur une profondeur maximale d'un micron.

- Recuit optique rapide : Ce mode de recuit utilise des flashs de lumière telles que les lampes à halogènes de forte puissance, lampes à arc, etc....
- Ion mixing : Recuit par implantation d'ions d'un gaz inerte.

I-9-3 Réaction à l'interface $M_1/M_2/Si$:

Il a été remarqué dans la plupart des études sur les bicouches, que la couche intermédiaire agit comme une barrière de diffusion sélective comme milieu de transport, pour les atomes de la couches de dessus, tout en contrôlant la formation du composé à l'interface ainsi que la séquence d'apparition des siliciures.

La formation des siliciures ternaires est habituellement associée avec les éléments ayant un grand écart en état de valence et en dimensions atomiques. Cette croissance de siliciures ternaires peut emprunter deux voies de mécanismes de diffusion :
- Soit le silicium diffuse à travers une couche intermédiaire.
- Soit par la réaction d'un métal avec un siliciure.

I-9-4 Avantage et domaine d'application des siliciures :

Parmi les avantages que présentent les siliciures sont peut citer :

- Leur stabilité mécanique et leur faible tension inter faciale.
- Leur stabilité vis à vis des oxydations prolongés ou courtes quand ils sont en contact avec le silicium monocristallin ou poly cristallin ou avec l'oxyde de silicium SiO_2.
- Leur stabilité vis à vis des processus technologiques telles que : l'oxydation sèche ou humide, la passivation et la métallisation.
- Absence de contamination des dispositifs ainsi qu'une plus longue durée de vie.
- Interface libre de toute contamination : interface propre.
- Leur bonne adhérence.

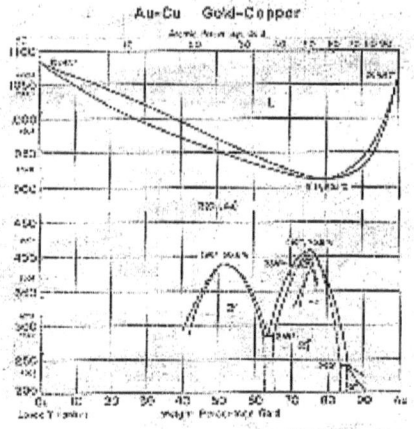

fig I.22 : Diagramme de phase Au-Cu

I-10 Conclusion :

Dans le cas de mélanges solides de type binaire, on observe des systèmes où les constituants sont complètement miscibles et d'autres sont totalement non miscibles avec entre ces deux extrême toute une gamme de solubilité partielle. La solubilité réciproque des constituants est fortement dépendante du diamètre et de la similarité du réseau cristallin des atomes ou des molécules constitutifs.

Dans le cas de mélanges de deux solides de diamètres semblables, les diagrammes solides - solides observé ressemblent à ceux des mélanges de deux liquides complètement miscibles. Les courbes de solidus et de liquidus s'apparentent dans ces cas au fuseau de distillation. Pour les mélanges plus difficilement miscibles on observe des diagrammes de plus en plus déformés au fur et à mesure de la décroissance de la miscibilité. Apparaissent ainsi les diagrammes eutectiques et péritectiques.

Par ailleurs des particularités viennent compliquer l'allure des diagrammes. Certains mélanges binaires A – B forment des composés intermédiaires qui forment autant de diagrammes binaires supplémentaires. En résumé, chaque mélange binaire est un cas particulier.

Les utilisations des mélanges binaires sont nombreuses et variées. L'épandage de sel sur la chaussée verglacée, la fabrication d'alliages aux propriétés très particulières, la fabrication de l'acier, et autant d'exemples typiques.

II-*ELABORATION DES ECHANTILLONS ET TECHNIQUES DE CARACTERISATION*

II.1 Introduction :

Cette partie est consacrée aux rappels des techniques expérimentales mises en œuvre pour la caractérisation de nos échantillons. Brièvement nous donnons un bref descriptif du principe de ces différentes méthodes de caractérisation utilisées durant ce travail. Cette partie n'a pas pour objectif de détailler les aspects théoriques de chaque méthode, mais seulement d'en rappeler le principe, la mise en œuvre et les principaux renseignements que l'on peut obtenir et d'autre part pour faciliter la lecture de la partie suivante portante sur les résultats expérimentaux. Dans un premier temps nous présentons d'abord les techniques d'élaboration de nos échantillons, puis les méthodes de caractérisation utilisées (RBS, MEB, EDX et DRX).

II-2 Les principales méthodologies de dépôts de matériau sur un substrat :

Dans le cadre de notre travail nous avons préparé plusieurs structures de multicouches minces : Cuivre (Cu) déposées sur l'Or (Au) qui est préalablement déposés sur des substrats de silicium (Si) monocristallin de direction (100) et (111) et inversement. Des multicouches minces de palladium (Pd) déposées sur l'Or (Au) qui est également préalablement déposés sur des substrats de silicium (Si) monocristallin de direction (100) et (111). Les différentes structures obtenues sont
(fig. II.4):

- Système Cu/ Au/Si(100)
- Systèmes Cu/Au/Si(111) et Au/Cu/Si(111)
- Systèmes Pd/Au/Si(111) et Pd/Au/Si(100)

II-3 Nettoyage du substrat :

Comme toutes techniques instrumentales destinées aux études de surface, la qualité des résultats, réside dans l'état de surface du substrat est une des principales caractéristiques essentielles d'une couche mince. Quelle que soit la procédure employée pour sa réalisation, une couche mince .est toujours solidaire du support sur lequel elle est construite. En conséquence, il sera impératif de tenir compte de ce fait majeur lors de sa conception. Ainsi la couche mince déposée et fortement polluée lors de sa fabrication par les molécules gazeuses environnantes. Un bon état de surface peut s'obtenir par des traitements de surface appropriés, on sera donc amené à faire subir un traitement post-déposition au substrat, c'est à dire à éliminer au mieux les impuretés introduites involontairement qui sauf exception n'apportent aucune caractéristique intéressante au matériau.

A cet effet, les échantillons de silicium, polis et de qualité grade électronique, de type p, <100> et <111> d'orientation, de résistivité comprise entre 2 et 10 Ωcm sont d'abord soigneusement nettoyés avant le dépôt comme suit :

- Dégraissage dans un bain de trichloréthylène pendant 3 mn sous ultrasons, suivi d'un rinçage dans de l'eau distillée.
- Barbotage dans des solutions d'acétone et d'éthanol pendant 3 min sous ultrasons, suivi d'un rinçage dans de l'eau bi distillée.
- Décapage du SiO_2 natif dans une solution d'acide fluorhydrique diluée à 10 % pendant 10 s.

II-4 Evaporation des couches minces sur du silicium :

Les méthodes de préparation de couches minces sont très nombreuses. Nous ne citerons ici que les plus couramment employées et disponibles au niveau du laboratoire.

En pratique on peut distinguer deux grandes familles de méthodes, celles qui font appel à un gaz porteur pour déplacer le matériaux à déposer d'un creuset au substrat et celles qui impliquent un environnement à pression très réduite et dans les quelles le matériau à déposer sera véhiculé grâce à une impulsion initiale de nature thermique [38].

Quel que soit le procédé utilisé il est intuitif qu'en deçà d'une certaine épaisseur une couche mince ne sera pas continue mais constituée d'îlots plus ou moins étendus et plus ou moins proches les uns des autres, dans cette plage d'épaisseur les propriétés sont extrêmement perturbées et ces couches, si elles présentent pour les théoriciens quelques intérêts, ne présentent aucun pour notre étude. Nous s'intéresserons donc qu'à des couches dites continues. Il convient de noter que l'épaisseur pour laquelle la continuité apparaît, au sens électrique du terme, dépend à la fois du matériau et du procédé de fabrication, ainsi une couche mince fabriquée sous certaines conditions sera continue seulement au delà en moyenne de 6 couches atomiques.

Afin de mieux réussir le processus de mise en œuvre de la préparation des échantillons, il importe, en premier lieu, de faire attention à l'environnement de dépôt et le mode d'obtention, en un mot veiller à un bon vide à l'intérieur de l'enceinte. En général, un dépôt va être effectué sur un substrat nettoyé chimiquement et dans un environnement de vide poussé.

Dans la plupart des cas, le dépôt d'une couche mince sur un substrat va s'effectuer dans un environnement de vide poussé. Il existe deux grandes familles de moyen de production de vide : celle qui conduit au vide dit classique et celle qui génère un ultra vide, encore appelé vide propre. Dans chacune de ces techniques le vide poussé sera obtenu en deux étapes, une étape dite primaire qui exploitera un principe de pompage et conduira à des pressions réduites de l'ordre de 10^{-2} Torr et une étape secondaire utilisant des pompes nécessitant un pré vidage pour fonctionner et amener l'enceinte associée à de très basses pressions (10^{-5} à 10^{-10} Torr).

II-4-1 Dépôt par évaporation :

La technique la plus courante consiste à évaporer le matériau à déposer en le portant à une température suffisante. Dès que la température de sa liquéfaction est dépassée (fig II.1), il se trouve que la pression de vapeur du matériau est suffisamment supérieure à celle résiduelle dans l'enceinte. Alors des atomes du matériau s'échappent et se propagent en ligne droite jusqu'à ce qu'ils rencontrent un obstacle. Cette rencontre peut être le fait soit d'une surface solide, substrat, paroi de l'enceinte, soit d'un atome ou d'une molécule se déplaçant dans l'espace. Dans notre cas, rencontre d'une surface qui est le substrat, il y aura séjour de l'atome sur la surface avec échange d'énergie et comme la surface du substrat est sensiblement plus froide que l'atome, il y a condensation définitive. En effet, au contact, les atomes perdent leurs énergies au profit de la surface du substrat et se condensent pour former des îlots de nucléation stables. Les îlots vont se développer et se rejoindre pour former une couche continue (c'est la coalescence). Lors du dépôt la rencontre d'une molécule résiduelle se traduit généralement par une déviation de l'atome évaporant. Il apparaît donc qu'il est indispensable que la pression dans l'enceinte soit suffisamment faible pour que la probabilité de rencontre d'un atome résiduel soit quasi nulle. Cela est possible dès que la pression dans l'enceinte est de 10^{-6} Torr, car alors le libre parcours moyen de l'atome dans celle ci est statistiquement supérieur aux dimensions de l'enceinte.

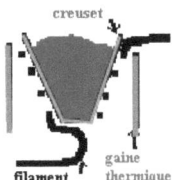

Fig. II.1 : Creuset d'évaporation thermique en tantale ou tungstène

La procédure de chauffage du matériau à évaporer peut être réalisée de plusieurs façons qui seront choisies en général en fonction des critères de qualité du résultat attendu. On utilise fréquemment un creuset chauffé par effet joule, limité aux matériaux s'évaporant relativement à basse température, très en dessous du point de fusion du creuset qui sera souvent en tantale ou en tungstène.

II-4-2 Dépôt par canon à électrons :

Une seconde technique d'évaporation pour les métaux à grand point de fusion, qui consiste à utiliser un canon à électrons à déflection électromagnétique permettant en théorie l'évaporation de tout matériau sans risque de pollution par le support. Comme s'est illustré sur la figure II.2, le faisceau d'électrons émis par un filament de tungstène est focalisé ponctuellement sur le sommet de l'échantillon à évaporer. On condense ainsi jusqu'à 2KW de puissance sur un volume inférieure au mm^3. Le matériau repose sur une nacelle de cuivre refroidie par une circulation d'eau froide afin d'éviter qu'elle ne s'évapore également. En jouant sur la tension d'accélération des électrons et sur le champ magnétique, il est aisé de déplacer le point d'impact du faisceau d'électrons. On dispose alors de la possibilité de déposer plusieurs matériaux différents placés sur des emplacements séparés sur la nacelle.

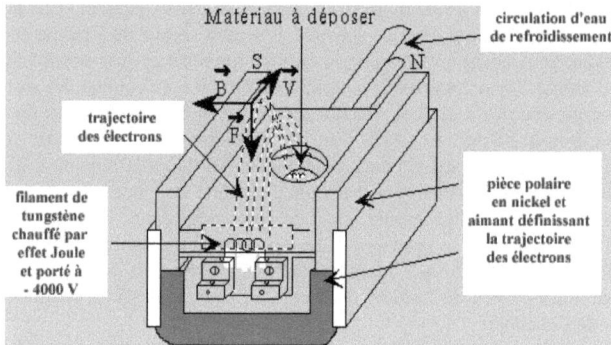

Fig II.2 : Principe du canon à électrons

La préparation de nos échantillons où nous allons déposer deux couches superposées sur un substrat de silicium ($M_1/M_2/Si$), est tributaire de certaines contraintes à prendre en considération telles que :

- Dépôt des deux couches minces sans rupture du vide régnant dans l'enceinte.
- Dépôt couche après couche.

A cet effet, la technique de déposition utilisée est l'évaporation par effet joule. L'évaporateur utilisé est du type Leybold permettant une double évaporation sans casser le vide, dans le soucis d'éviter l'introduction d'impuretés indésirables lors de l'évaporation tel que l'Oxygène. Le vide secondaire de l'ordre de $5 \; 10^{-6}$ Torr est assuré par une pompe turbo moléculaire. Les deux éléments à déposer sont placés dans deux nacelles séparées physiquement et électriquement de tantale (grande température de fusion) placées à environ 20 cm au dessous du porte substrat comme s'est présenté sur la figure II.3. Les deux éléments sont évaporés et déposés alternativement après avoir pris soin de dégazer pendant 15 secondes chaque matériau et actualiser le vide initial. Un cache commandé extérieurement masquera un des deux creusets au moment où l'autre est sous tension.

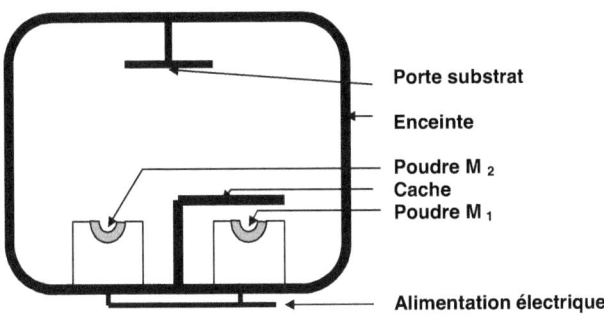

Fig. II.3 : évaporation de multicouches sur un Substrat de Silicium

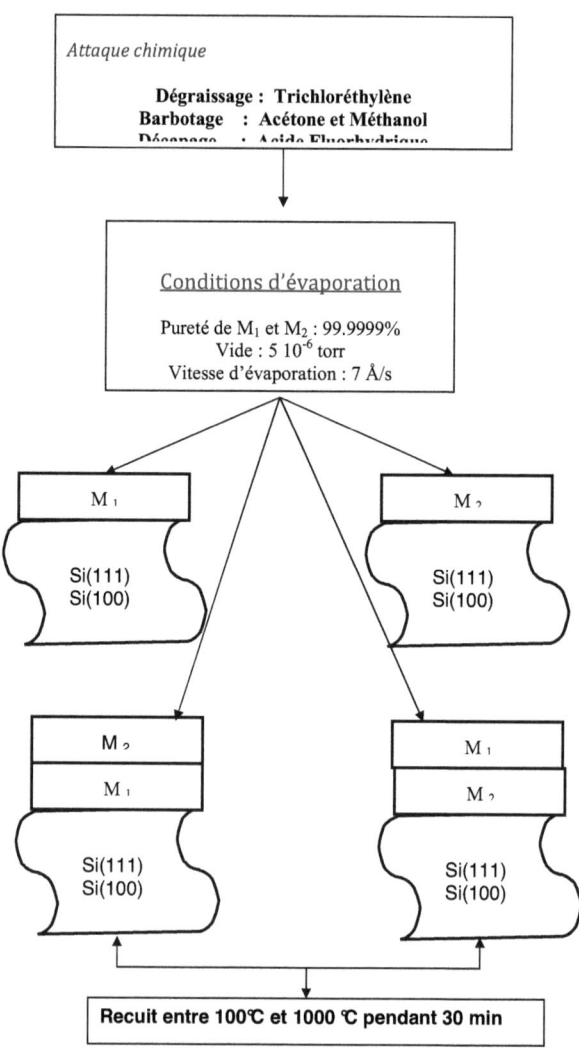

Fig II.4 : Conditions de préparation des différentes structures

Elément (Nom)	Silicium	Cuivre	Or	Palladium
Numéro atomique Z	14	29	79	46
Symbole	Si	Cu	Au	Pd
Masse atomique A	28.086	63.546	196.967	106.42
Configuration électronique	$3s^2\,3p^2$	$3d^{10}\,4s^1$	$4f^{14}\,5d^{10}\,6s^1$	$4d^{10}$
Densité de masse volumique (g/cm^3)	2.33	8.92	19.31	12.02
Structure cristalline	cfc (type A_4 C, diamond)	cfc (type A_1)	cfc (A_1)	cfc
Paramètres de maille (Å)	a = 5.428	a = 3.615	a = 4.078	a = 3.54
Température de fusion (°C)	1410.000	1083.400	1064.434	1554
Température d'ébullition (°C)	3540	2567	2080	2940
Résistivité électrique à 273 K (10^{-6} Ω/cm)	10	1.7	3.2	10.08
Facteur cinématique (K) Pour θ=160°	0.5721	0.7843	0.9238	0.8574

II-5 Mesures des épaisseurs des films déposées :

Il existe plusieurs méthodes pour mesurer les épaisseurs des films déposés soit directement ou en faisant appel à d'autres paramètres liés à l'épaisseur. Principalement on note deux types : Les méthodes qui s'effectuent à l'intérieur de l'enceinte d'évaporation et ceux qui se font hors de l'enceinte.
Parmi les méthodes les plus employées et les plus pratiques de mesures de l'épaisseur des couches, on peut citer:

a) méthode de la pesée:

Si on considère que l'évaporation se fait dans l'espace et dans toutes les directions d'une manière uniforme sur la surface d'une demi-sphère de diamètre égal à deux fois la distance entre le creuset et le porte substrat, la moyenne de l'épaisseur de la couche déposée sera égale à :

$$M = V\rho = S\ e\rho = \frac{2}{3} \pi\ d^2 e\rho$$

Donc :

$$e = \frac{3\ M}{2\ \pi\ d^2 \rho} 10^8\ \text{Å}$$

avec
M : masse du métal déposé en (g).
d : la distance qui sépare le porte substrat et le creuset (nacelle).
e : épaisseur moyenne de la couche obtenue.
ρ : masse volumique du métal (g/cm^3).

b) méthode du temps:

Connaissant le temps de dépôt et la vitesse d'évaporation (épaisseur par unité de temps), l'épaisseur dans ce cas dépend linéairement du temps :

$$e\ (\text{Å}) = vt$$

Avec :
v : Vitesse d'évaporation   et t : Temps d'évaporation.

c) méthode par oscillateur de quartz :

A laide d'un oscillateur à quartz, on peut lire directement l'épaisseur déposée sur le substrat. Oscillateur de type XTM 500.

d) méthode expérimentale RBS :

La détermination des épaisseurs de films ou de dépôts minces est réalisable à l'aide de cette technique avec une exactitude voisine de 1 %, technique très précise.

II-6 Traitements thermiques :

Après dépôt, les échantillons ont été recuits sous vide secondaire à une température comprise entre 100 °C et 1000°C pendant 30 min. Le dispositif utilisé pour les recuits hors irradiation est présenté sur la figure II.5. L'échantillon est placé dans une nacelle d'alumine puis il est introduit dans un tube de quartz. L'ensemble est mise sous pompage classique jusqu'à atteindre un vide de l'ordre de 3×10^{-4} torr. Le four est ensuite mis en place autour du tube afin de commencer le recuit. En fin de recuit, on attend le refroidissement du tube jusqu'à la température ambiante avant de l'ouvrir pour récupérer l'échantillon. La température est contrôlée par un thermocouple en nickel-chrome avec une précision de ± 1 ° C au centre du tube de quartz.

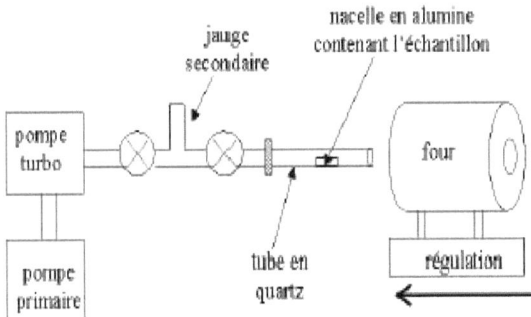

Fig. II.5 : Représentation schématique du four tubulaire

II-7 Techniques de caractérisation :

La caractérisation à l'échelle macroscopique des surfaces et interfaces en couche mince s'effectue à l'aide de plusieurs méthodes. Ces techniques sont différentes dans la manière d'excitation de l'échantillon et de détection du signal résultant ainsi que dans leur sensibilité. Notre objectif est d'étudier essentiellement la structure des films M_1 et M_2 sur les substrats de Si monocristallins, à analyser la nature et la composition des phases qui se forment à travers la couche de l'or (M_2) et l'effet de cette dernière comme étant une barrière de diffusion sur la croissance de ces composés.

Dans le but de pouvoir caractériser nos échantillons avec plusieurs techniques d'analyse et sans les endommagées, on a privilégié les méthodes non destructive d'analyse de surface susceptible de détecter des multicouches. Vu la faible tension de surface de Au , Cu , Pd par rapport à celle du substrat de Si, a pour conséquence de les voir coalescer et croître sous forme de cristallites une fois qu'ils ont reçu un

apport énergétique extérieur (recuit thermique). Par conséquent, il est nécessaire d'utiliser :
- Une technique qui puisse déterminer l'épaisseur de la couche déposée en surface et sa composition : la spectrométrie de Rutherford (RBS)
- Une technique qui puisse donner une morphologie de la surface contrastée : la microscopie à balayage (MEB).
- Une technique à analyse locale pour déterminer la composition des différents îlots contrastés : la microanalyse X (EDX).
- Une technique qui puisse déterminer la microstructure de la couche : la diffraction des rayons (DRX).

La plupart de ces techniques font appel à l'excitation de la surface de l'échantillon à analyser par un rayonnement d'énergie précise (Fig. II.6) et à l'analyse des émissions en résultant, caractéristiques des atomes émetteurs. Le spectre d'énergie émis permet en général d'identifier les atomes émetteurs, tandis que les intensités relatives conduisent au rapport de composition de la zone superficielle examinée.

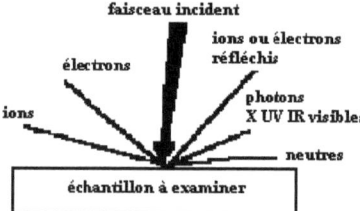

Fig. II.6 : Différentes techniques d'excitation

II-7-1 Spectroscopie de rétrodiffusion Rutherford (RBS) :
II-7-1-1 Introduction :

Cette méthode, désignée le plus souvent par l'acronyme RBS (Rutherford Backscattering Spectrometry) a pris toute sa dimension grâce au développement des techniques de canalisation et d'implantation ionique. Cette technique est très appréciée par les physiciens parce qu'elle a l'avantage d'être qualitative sans recourir à des standards. La composition atomique et l'échelle en profondeur sont données avec une erreur inférieure à 1 % [39].

Actuellement, la RBS est mise en œuvre par le biais des accélérateurs produisant des faisceaux d'ions mono énergétiques légers, le plus souvent des ions légers d'hélium d'énergie allant de quelques centaines de KeV à quelques MeV.

Cette méthode d'analyse quantitative est basée sur les interactions coulombiennes entre noyaux atomiques. C'est une technique non destructive et indépendante des liaisons chimiques et permet de déterminer la composition chimique des régions proches de la surface (~ 1 µm) du matériau.

II-7-1-2 Principe de la technique:

Lorsqu'un matériau est bombardé par un faisceau de haute énergie, la majorité des particules incidentes se retrouvent implantées en profondeur (quelques dizaines de µm) dans le matériau. Cependant, une certaine fraction entre en collision directement avec les atomes de la cible au voisinage de la surface (1 µm). La RBS consiste donc à mesurer le nombre et l'énergie de ces ions qui sont rétrodiffusés après interaction avec les atomes de la cible. Ces informations permettent d'accéder aux masses atomiques et aux concentrations élémentaires des constituants de la cible en fonction de la profondeur. Cette collision peut être traitée comme un choc élastique en utilisant la mécanique classique.

II-7-1-3 Concepts de base :

Il existe quatre concepts de base dans la RBS qui induisent les paramètres nécessaires pour mener à bien l'analyse.
- Concept de collision de deux particules qui entraîne le facteur cinématique.
- Concept de probabilité de collision d'où la section efficace de rétrodiffusion.
- Perte d'énergie du projectile dans la cible qui est déterminée par le pouvoir d'arrêt.
- Dispersion statistique dans la perte d'énergie ou straggling.

II-7-1-4 Facteur cinématique :

Considérons un ion projectile de masse M_1 et de d'énergie E_0 qui entre en collision avec un atome cible au repos de masse M_2 ($M_2 > M_1$) (Fig. II.7):

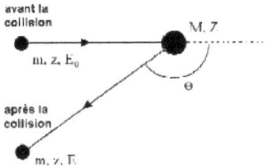

Figure II.7 : Représentation schématique de la collision

L'énergie E_1 de l'ion rétro diffusé peut être mesurée et comparée à l'énergie initiale E_0 de l'ion incident. Le rapport de ces deux énergies définit le facteur cinématique:

$$K(M_1, M_2, \theta) = E_1/E_0$$

$$k = \left(\frac{\sqrt{M_2{}^2 - M_1{}^2 sin^2\theta} + M_1 cos\theta}{M_2 + M_1}\right)^2$$

Avec :

L'énergie E_1 est donc déterminée pour un angle d'observation θ donné et par les caractéristiques du faisceau incident (E_0 et M_1) et la masse d'atome M_2 du noyau diffuseur [40].

II-7-1-5 Section efficace de diffusion :

Connaissant la masse m et l'énergie E_0 de la particule incidente, ainsi que l'angle de rétrodiffusion θ, il est possible de déterminer la masse M de l'atome cible grâce à la mesure de E.

La densité d'atomes par unité de surface $(Nt)_i$ de l'élément i est donnée par:

$$(Nt) = \frac{A_1 cos\theta_1}{Q\Omega\sigma_1(E_0, \theta)}$$

où A_i est l'aire du pic pour Q ions incidents, Ω est l'angle solide de détection, θ_1 l'angle entre le faisceau incident et la normale à l'échantillon et $\sigma_i(E_0, \theta)$ la section efficace différentielle. Dans le cas où la diffusion est une diffusion élastique d'ions légers sur des atomes lourds, on peut admettre que l'interaction est coulombienne (diffusion de Rutherford), et la section efficace est donnée par:

$$\frac{d\sigma}{d\Omega} = \left(\frac{Z_1 Z_2 e^2}{4E}\right)^2 \frac{4}{sin^4\theta} \frac{\left\{\left(1-\left(\frac{M_1}{M_2}sin\theta\right)^2\right)^{\frac{1}{2}} + cos\theta\right\}^2}{\left\{1-\left(\frac{M_1}{M_2}sin\theta\right)^2\right\}^{\frac{1}{2}}}$$

Avec :
E : énergie du projectile juste avant la rétrodiffusion
Z_1 : numéro atomique du projectile
M_1 : masse atomique du projectile
Z_1 : numéro atomique de l'atome-cible
M_2 : masse atomique de ,l'atome-cible

On remarque que $\sigma_i(E_0, \theta)$ est proportionnel à $1/(E_0)^2$ on a donc intérêt à travailler à basse énergie. Il y a toutefois une limite car à basse énergie, l'interaction n'est plus coulombienne par suite de l'effet d'écran des couches électroniques et la relation précédente n'est plus valable. Cependant, la section efficace reste proportionnelle à $1/(E_0)^2$, donc la sensibilité sera meilleure pour les ions lourds que pour les ions légers.

Dans le cas d'une interaction à une profondeur x en volume (Fig.II.8), l'énergie de rétrodiffusion est modifiée par les pertes d'énergie du faisceau incident sur ses trajets aller et retour dans la cible.

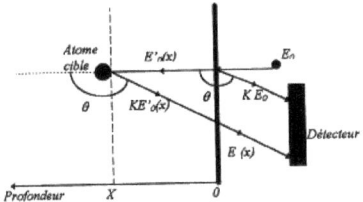

Fig II.8 : Représentation schématique d'une collision en profondeur.

II-7-1-6 Perte d'énergie :

La différence d'énergie entre une particule rétrodiffusée à la surface et rétrodiffusée à une profondeur x est donnée par:

$$E(x) = KE_0 - \{S\}x$$

où {S} est le facteur de perte d'énergie en rétrodiffusion défini par:

$$\{S\} = K\left\{\frac{dE}{dx}\right\}_{aller}\frac{1}{cos\theta_1} + \left\{\frac{dE}{dx}\right\}_{retour}\frac{1}{cos\theta_2}$$

qui permet de convertir l'échelle d'énergie en échelle de profondeur.

Néanmoins , à titre d'information , cette technique présente quelques inconvénients tels que la sensibilité réduite à 50 Å , Quasi impossibilité d'analyser un élément plus léger que le substrat , son signal sera noyé dans celui du substrat et disponibilité limitée vu qu'elle nécessite un équipement lourd.

II-7-1-7 Straggling :

La perte d'énergie spécifique (dE/dX) est assujettie à une fluctuation statistique dont l'importance augmente avec l'épaisseur. D'après Bohr , si une particule a perdu une énergie moyenne ΔE sur une épaisseur Δx, l'énergie de straggling autour de ΔE a une variance donnée par :

$$\Omega_B^2 = 4\pi\, Z_1^2 e^4 Z_2 N\Delta x$$

Avec
N : Nombre d'atomes cible par cm^3
Z_1 : Particule incidente.
Z_2 : Particule cible
e : Charge de l'électron

II-7-2 Dispositif expérimental associé à la RBS :
II-7-2-1 Accélérateur linéaire :

Nous avons effectué toutes nos analyses RBS au niveau de l'accélérateur électrostatique de type Van de Graaf 3.75 MV du Centre de Recherche Nucléaire d'Alger. Les mesures ont été réalisées avec un faisceau $_4He^+$ de 2 MeV et un courant de 45 nA à température ambiante dan le but d'avoir une bonne résolution en masse.

L'accélérateur est équipé d'une source H.F (Haute Fréquence), permettant l'utilisation des faisceaux d'hélium, d'hydrogène et de deutérium. Le faisceau d'ions produit au niveau de la source est accéléré dans un tube accélérateur, pour être dévier par la suite par un aimant d'analyse puis focalisé par un quadripôle magnétique. Avant son arrivée dans la chambre à réaction, le faisceau d'ions passe par une série de fentes pour assurer un impact perpendiculaire sur la cible.

Fig. II.9 : Représentation schématique de l'accélérateur Van De Graaf

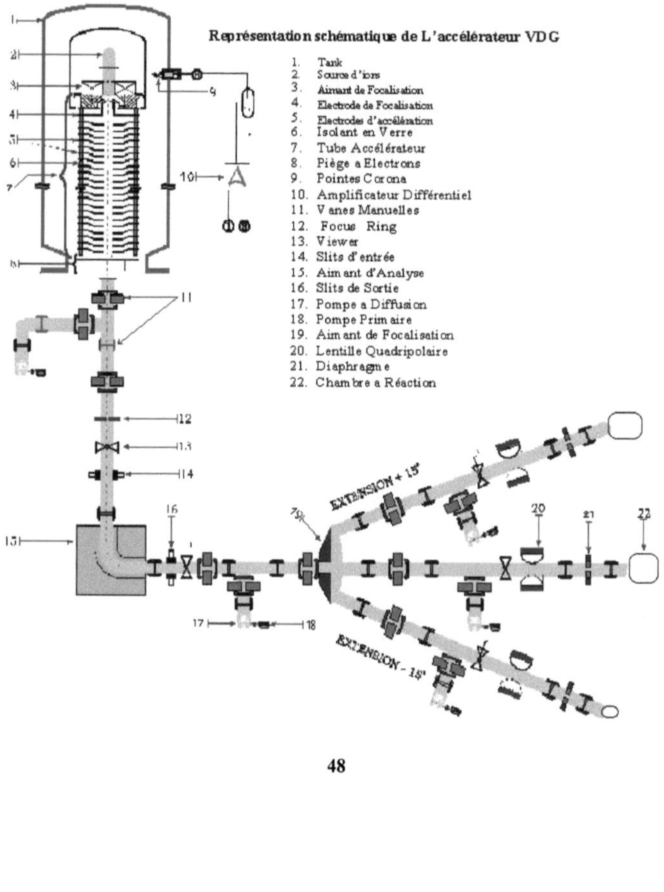

Représentation schématique de L'accélérateur VDG
1. Tank
2. Source d'ions
3. Aimant de Focalisation
4. Electrode de Focalisation
5. Electrodes d'accélération
6. Isolant en Verre
7. Tube Accélérateur
8. Piège a Electrons
9. Pointes Corona
10. Amplificateur Différentiel
11. Vanes Manuelles
12. Focus Ring
13. Viewer
14. Slits d'entrée
15. Aimant d'Analyse
16. Slits de Sortie
17. Pompe a Diffusion
18. Pompe Primaire
19. Aimant de Focalisation
20. Lentille Quadripolaire
21. Diaphragme
22. Chambre a Réaction

II-7-2-2 Chambre à réaction :

Conçue au centre et réalisée auprès de l'atelier mécanique, elle se présente comme une enceinte cylindrique en ALU 4G de 45 cm de hauteur , 37.5 cm de diamètre et de 2 cm d'épaisseur, scellée par joints toriques étanches au vide. Le vide est assuré par un système de pompage classique composé d'une pompe primaire et d'une pompe secondaire à diffusion d'huile assistée d'un piège à azote liquide. Le vide limite atteint dans la chambre est de l'ordre de $2\ 10^{-6}$ torr. Le refroidissement de la chambre s'effectue par le biais d'une plaque de cuivre de 1 mm d'épaisseur laquelle est solidaire à un piège à azote liquide. Ce système permet d'éviter la contamination des échantillons à analyser par des dépôts de carbone dus aux remontés d'huiles des pompes et assure en même temps leur refroidissement. Cette chambre est dotée d'un goniomètre à quatre degrés de liberté où on a utilisé particulièrement le mouvement de translation et le mouvement de rotation sur l'échantillon lui même pour que le goniomètre joue double rôle : porte échantillons et positionne en même temps les échantillons à analyser perpendiculairement au faisceau incident. Cette particularité, nous a permis d'effectuer les analyses de tous les échantillons dans les même conditions opératoires de vide, de courant et surtout d'énergie (Fig. II.10).

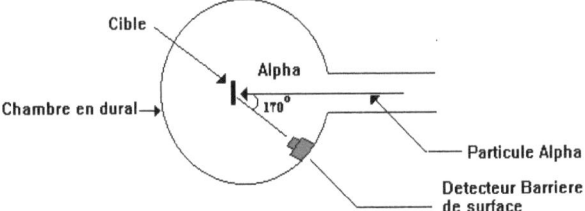

Fig II.10 : Chambre à réaction RBS

II-7-2-3 Détection et chaîne de spectrométrie :

Les particules rétrodiffusées après bombardement de la cible par le faisceau sont détectées et comparées par un détecteur de type à barrière de surface. En effet , le silicium est le matériau semi conducteur le plus utilisé. Un des types de détecteur les plus courant s'appelle le détecteur à barrière de surface (**S**urface **B**arrier **D**etector , SSB) [41]. La jonction est formée entre un semi-conducteur et certains métaux, comme par exemple un silicium de type n avec de l'or ou un silicium de type p avec de l'aluminium. Les niveaux des bandes du semi – conducteur sont réduits, comme le montre la figure II.11. La zone de déplétion s'étend entièrement dans le semi-conducteur et peut atteindre une grandeur de l'ordre de 5 mm. Une telle jonction est appelée barrière de Schottky et possède beaucoup de caractéristiques similaires à celles d'une jonction np. Ce détecteur de particules chargées est placé à l'intérieur de l'enceinte. Il est placé dans le même plan horizontal que le faisceau incident issue de l'accélérateur et sous un angle bien précis par rapport à ce faisceau. La particule diffusée pénétrant dans le détecteur génère des paires électrons trous. Celle ci sont collectées dans la zone désertée par le champ électrique de la diode Schottky que forme l'Or sur le silicium. Le signal ainsi collecté est dirigé vers l'électronique d'acquisition.

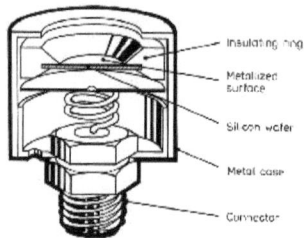

Fig. II.11 : Détecteur à barrière de surface

Ainsi on pourra utiliser ces détecteurs pour mesurer l'énergie déposée par une particule chargée qui le traverse. On obtiendra l'information dE/dx.

II-7-2-4 Chaîne de spectrométrie :

Le détecteur est associé à une chaîne de spectrométrie (Fig. II.12). Celle-ci est composée généralement de :

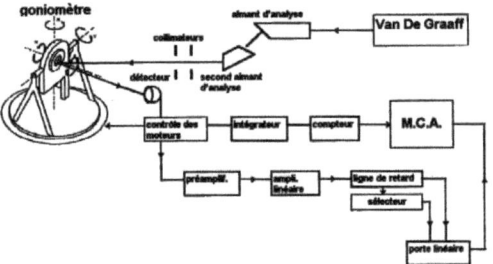

Fig II.12 : Dispositif expérimental d'une expérience RBS

II-7-2-4-1 Préamplificateur :

C'est un adaptateur d'impédance dont le choix dépend de la nature du détecteur. Pour le cas d'un détecteur à semi-conducteur, dont le niveau de sortie est de l'ordre de quelques millivolts, il faut un préamplificateur à très bas bruit de fond, monté en liaison courte, dont le gain est de l'ordre de 10 [42].

II-7-2-4-2 Amplificateur :

Employé à un niveau de sortie de 8 à 10 V. Il offre généralement la possibilité de choisir la polarité du signal d'entrée, deux types *de sorties* *«unipolaire et bipolaire»,* selon le nombre d'impulsion par seconde [43].

II-7-2-4-3 Analyseur multicanaux (MCA):

Les signaux transmis par l'amplificateur sont stockés et visualisés sur un analyseur multicanaux sous forme de spectre en énergie suivant leur hauteur.

La correspondance entre le numéro du canal et l'énergie de la particule incidente rétrodiffusée est effectuée au moyen de la pente de conversion. Celle ci est obtenue par une calibration de la chaîne de détection [44.]

II-7-2-5 Programme RUMP (Rutherford Universal Manipulation Program) :

Pour le traitement des spectres RBS, nous avons utilisé le programme RUMP. Celui-ci simule la diffusion de particules chargées sur des cibles constituées de couches homogènes en composition et en épaisseur. Ce programme, en fonctionnant de manière itérative et en mode conversationnel, ajuste un spectre expérimental à la simulation du spectre en énergie des particules diffusées dans l'échantillon.

La simulation peut être menée dans la plupart des géométries, pourvu que la diffusion se fasse vers l'arrière (angle de diffusion $\theta \geq 90°$). La méthode RBS est une méthode absolue par ajustements successifs de la courbe calculée et aux points expérimentaux [45]

En d'autres termes, pour réaliser une simulation d'un spectre RBS, le programme RUMP considère chaque couche de l'échantillon qui est lui même assimilée à un empilement de sous couches d'épaisseur élémentaire, de composition uniforme et suffisamment fine pour que la section efficace de diffusion Rutherford en cible mince puisse être utilisée. La simulation s'effectue par sous couches successives à partir de la surface de la cible. La perte d'énergie dans chaque sous couche est uniquement fonction de sa composition et de l'énergie du projectile à l'entrée de cette sous couche. La contribution au spectre en énergie des particules diffusées dans chaque sous couche est constituée par une forme trapézoïdale comme le montre la figure II.13. Le spectre final est construit comme une superposition des contributions de chaque élément de chaque sous couche.

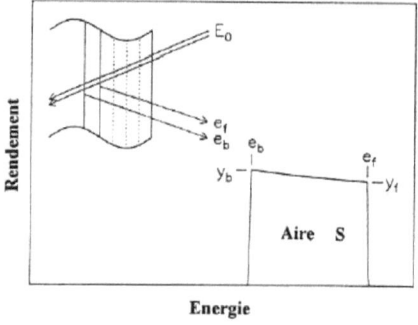

Fig II.13 : Caractéristique d'une forme trapézoïdale

où :
La hauteur y_f à l'énergie e_f de diffusion en début de sous couche.
La hauteur y_b à l'énergie e_b de diffusion en fin de sous couche.
La surface S.

II-7-3 Diffraction de rayons X :

La diffraction de rayons X est une technique non-destructive très utile pour la caractérisation des hétéro structures semi-conductrices. De nombreux articles de revue présentent en détails l'utilisation de la diffraction de rayons X pour l'évaluation des structures semi-conductrices. C'est une méthode d'analyse classique repose sur l'interaction élastique d'un mince faisceau monochromatique de photons X avec la matière cristallisée. La diffusion cohérente ou diffraction résultante permet l'obtention d'un diffractogramme et la détermination des distances réticulaires des plans diffractants . La longueur d'onde du rayonnement incident (λ), le paramètre réticulaire repéré par les indices de Miller (d_{hkl}) et l'angle de diffraction (θ) sont reliés par la loi de Bragg. La technique nous donne de précieuses informations sur l'indexation des plans qui donne la direction selon laquelle les atomes sont empilés, l'identification de la composition des couches simples et la stœchiométrie des couches composées , la microstructure des couches et la structure cristallographique [46]

II-7-3-1 Principe de la technique :

Cette technique est composée d'un générateur dont le rôle est l'alimentation du tube des rayons X. Seulement 1 % de l'énergie fournie par le tube est transformée en rayons X alors que le reste est transformé en Chaleur, évacuée par le circuit de refroidissement , sous l'effet de bombardement . Les rayons X résultent de l'impact sur une pièce métallique d'électrons émis par un filament chauffé, appelée anode, et accélérés par une différence de potentiel de quelques dizaines de KeV.

Si l'énergie des électrons est suffisante pour exciter les niveaux de cœur (K, L,M…) des atomes de l'anode, leur désexcitation produit de photons X. Les raies caractéristiques les plus intenses sont les raies Kα qui correspondent aux transitions des couches L vers les couches K. La géométrie utilisée, lorsque l'échantillon tourne d'un angle θ, le détecteur tourne à son tour d'un angle 2θ (Fig. II.14).

Le détecteur ne collecte que les rayons diffractés par les plans cristallins (hkl) sous un angle θ vérifiant la loi de Bragg:

$$n \lambda = 2 d_{hkl} \sin \theta$$

où n = 0, 1, 2, ... est l'ordre de diffraction, λ la longueur d'onde du rayonnement X, d_{hkl} l'espacement réticulaire entre les plans d'indices (hkl) et θ l'angle de diffraction de Bragg.

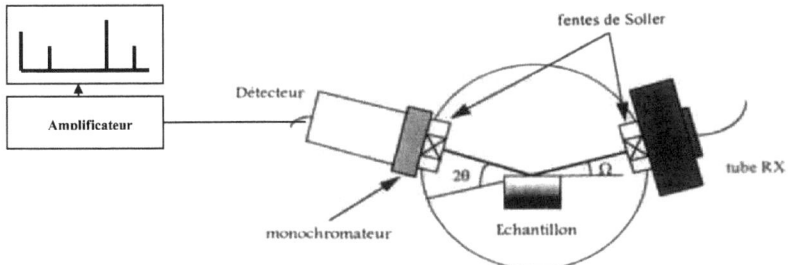

Fig II.14 : Géométrie de détection du diffractomètre

Afin de ne laisser passer que les raies Kα moyenne, le diffractomètre est muni d'un filtre monochromateur. Un équipement électronique permet la conversion signal-spectre lors de la saisie. Après amplification et intégration, on obtient un diagramme I (2θ) alors que la surface mesurée au dessus du fond continu est proportionnelle à l'intensité I.

Le dépouillement des spectres I(2θ) enregistrés s'effectue à l' aide des fiches ASTM.(American Society for Testing and Materials) . On repère les angles 2θ $_{exp}$ des pics diffractés et on les compare avec les 2θ $_{ASTM}$. La connaissance de l'échantillon permet de choisir la bonne fiche ASTM.

II-7-3-2 Conditions d'analyse de nos échantillons par DRX :

L'échantillon à analyser est placé au centre du goniomètre et irradié par faisceau de rayons X monochromatique. Les enregistrements radio cristallographiques ont été effectués à l'aide d'un diffractomètre X'Pert de Philips équipé d'une anode en cuivre. Le filtre de Nickel permet de filtrer la raie Kα de cuivre de longueur d'onde égale à 1.54 Å. Les valeurs de la tension d'accélération et du courant dans le filament du tube à rayons X sont choisies égales à 45 KV et 40 mA. Les échantillons sont balayés dans la plage de 20°- 90° avec une vitesse de 0.2°/min. Les données expérimentales sont fournies sous forme data, une fois reconverties en spectre avec le logiciel Origin 5 , on procède à l'indexation des raies de réflexion.

II-7-4 La microscopie électronique à balayage (MEB) :

La microscopie électronique à balayage (MEB) [47], [48], [49] est une technique traditionnellement utilisée dans l'analyse des surfaces. Elle permet d'analyser la morphologie de la surface et la composition chimique de la plupart des matériaux solides. La plus utilisée parmi les autres techniques de microscopie parce qu'elle ne nécessite aucune préparation préalable de l'échantillon qu'on veut analyser. Cette technique a la particularité d'offrir une très grande profondeur de champ (plusieurs centaines de microns) et donne des vues qualitatives des surfaces d'une grande utilité. En se limitant à l'aspect formation des images, on peut citer quelques exemples d'applications : la texture microscopique de matériaux, l'étude de l'état de surface de matériaux et des réactions de surface de matériaux etc.

II-7-4-1 Principe de la MEB :

Le microscope électronique à balayage (MEB en français, SEM en anglais) est un outil utilisant les propriétés des interactions entre des électrons et la matière. En effet, l'impact d'un faisceau incident d'électrons sur un échantillon (cible) produit divers rayonnements et particules. Ces derniers sont captés par des détecteurs appropriés et fournissent un signal électrique qui une fois amplifié, peut servir à moduler l'intensité du spot de l'écran pour obtenir une image. En d'autres termes, le fonctionnement du microscope est basé sur l'émission d'électrons produits par une cathode et la détection de signaux provenant de l'interaction de ces électrons avec L'échantillon (électrons secondaires et rétrodiffusés). Dans le cas d'un MEB classique, un faisceau primaire d'électrons de diamètre compris entre 5 et 20 nm et d'énergie allant de quelques keV à 50 keV est focalisé sur l'échantillon (sous vide). Ce faisceau est balayé sur la surface à étudier par un système de déflexion (Figure II.15). Il permet d'obtenir un fort grandissement (visualisation des particules de taille allant jusqu'à quelques nm) et une grande profondeur de champ (bonne netteté).

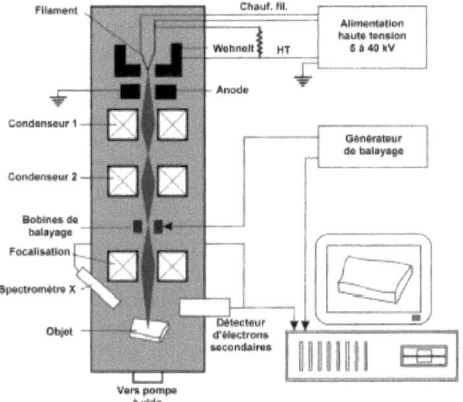

Fig. II.15 : Principe du microscope électronique à balayage

Les électrons émis par l'échantillon sont détectés par un scintillateur couplé à un photomultiplicateur. Le signal obtenu est amplifié et sert à moduler l'intensité du faisceau d'un oscilloscope dont le balayage est synchrone avec celui du faisceau primaire. A chaque point de la zone balayée sur l'échantillon correspond donc un point sur l'écran de visualisation. L'image est obtenue séquentiellement point par point en déplaçant le faisceau d'électrons. Le grandissement s'obtient en changeant les dimensions de la zone balayée. Le contraste de l'image observée provient pour l'essentiel des différences de relief qui existent sur l'échantillon. Trois composants entrent en jeu :

- L'effet de l'angle d'inclinaison de la surface de l'échantillon avec la direction du faisceau incident. L'émission des électrons secondaires augmente lorsque cet angle diminue.
- L'effet d'ombrage : le détecteur, monté latéralement sur le microscope, est dans une position telle que toutes les parties de l'échantillon ne le "voient" pas sous la même incidence. Le détecteur peut "voir" dans les trous ou derrière les arêtes, mais dans ce cas l'intensité reçue au détecteur est plus faible ; les régions cachées au détecteur paraissent donc plus sombres.
- L'effet de pointe : l'émission secondaire est plus intense sur les pointes ou sur les arêtes fines.

II-7-4-2 Avantages et inconvénients du MEB :

La taille des échantillons à analyser représente un des grands avantages du MEB, qui peut aller de quelques micromètres cubes à quelques centimètres cubes. Le microscope électronique à balayage a la particularité d'offrir une grande profondeur de champ allant jusqu'à plusieurs centaines de microns.

Par contre, elle souffre d'un certain nombre d'inconvénients bien connus, tels que :
- La contamination par l'analyse
- Les difficultés de calibration.
- L'échantillon doit être conducteur ou rendu conducteur par dépôt d'une couche mince d'or de 10 à 30 nm d'épaisseur (en général) afin d'éviter l'accumulation des charges électriques qui risque de créer des champs parasites et de perturber l'image.
- L'échantillon doit supporter le bombardement électronique souvent intense dans le vide. La majeure partie de l'énergie primaire du faisceau est dissipée sous forme de chaleur dans l'échantillon, ce qui peut entraîner une dégradation ou une fusion locale. Ce sera le risque avec les polymères (la résine photosensible par exemple) ou les échantillons biologiques.

II-7-4-3 Imagerie par détection des électrons secondaires :

Lorsque le faisceau primaire d'électrons bombarde l'échantillon, une partie des électrons est réémise sous forme d'électrons secondaires, du coté exposée de la préparation. Ce sont des électrons peu énergétiques (50 eV), qui proviennent d'une zone proche du faisceau ce qui donne des images avec une très bonne résolution qui peut atteindre 2 nm pour le microscope qu'on a utilisé. Les images obtenues grâce à la détection d'électrons secondaires représentent donc essentiellement la topographie de l'échantillon (Fig. II.16).

II-7-4-4 Imagerie par détection des électrons rétrodiffusés :

Une autre partie des électrons est ré-émise sous forme d'électrons rétrodiffusés. Ce sont des électrons d'énergie beaucoup plus grande (jusqu'à 30 KeV). Ils sont renvoyés dans une direction proche de leur direction d'origine, le détecteur étant généralement placé à la verticale de l'échantillon dans l'axe du faisceau, générant une vision du relief moins bonne qu'avec le détecteur d'électrons secondaires. Les électrons rétrodiffusés peuvent également être libérés à une plus grande profondeur dans l'échantillon. La résolution est donc relativement faible (grandissement moins important). Par contre les éléments chimiques possédant un numéro atomique élevé (comme les métaux lourds) produisent davantage d'électrons rétrodiffusés que ceux ayant un numéro atomique faible. Les zones de l'échantillon contenant des éléments de numéro atomique élevé seront donc plus blanches et plus brillantes que celles ayant un numéro atomique faible. On appelle cela le contraste chimique. Cette particularité est fortement appréciée pour discerner les différentes phases constituant le matériau.

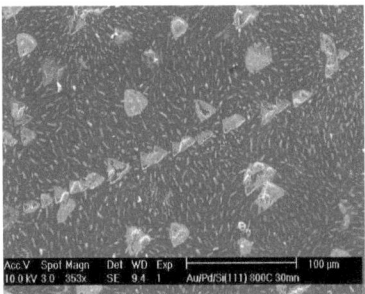

Fig II.16 : Image obtenue par ESEM XL 30 FEG avec un détecteur d'électrons secondaires.

Parmi les phénomènes induits lors de l'interaction entre le faisceau primaire d'électrons et la matière, il se produit une émission de photons X (d'une énergie comprise entre 0,5 et 30 keV). Ce rayonnement X est collecté par un détecteur, capable de déterminer l'énergie des photons qu'il reçoit. On peut alors tracer un histogramme avec en abscisse les énergies des photons et en ordonnée le nombre de photons reçus (Fig. II.16) [50].

Ce spectre de raies est interprété par comparaison avec une base de données, qui contient pour chaque élément les énergies et les intensités des raies qu'il produit. C'est le principe de l'analyse élémentaire par spectrométrie en dispersion en énergie (EDS ou EDX). La zone analysée est celle qui est parcourue par le faisceau primaire d'électrons. Si l'on est en mode balayage (formation d'une image) alors l'analyse sera celle de toute la surface de l'image. Mais il est possible d'effectuer des analyses ponctuelles. Le temps nécessaire pour acquérir un spectre de bonne qualité pour une particule est de l'ordre de la minute. Les éléments en quantité inférieure à environ 0,2% en masse (dans le micro-volume analysé) ne peuvent pas être détectés, ni les éléments légers : H, Li , Be. L'analyse EDX est dite « super quantitative » car la quantification exacte des concentrations des éléments détectés est assez difficile à établir en raison de la difficulté à établir le volume d'échantillon réellement analysé.

II-7-4-5 Conditions opératoires d'analyse des échantillons:

Nos échantillons ont été analysées par un microscope à balayage type ESEM XL 30 FEG Philips du Centre de Recherche Nucléaire d'Alger. L'originalité de ce microscope électronique à balayage « environnemental » (MEBE en français, ESEM en anglais) réside dans le fait qu'il permet de travailler sur n'importe quel échantillon (non conducteur, hydraté, etc...), sans aucun traitement préalable. C'est un microscope qui est proposé seulement par la société FEI Company (Philips).. Il est équipé de détecteurs d'électrons secondaires et rétrodiffusés pour l'imagerie, d'un détecteur Si(Li) 10 mm² pour l'analyse EDX, et d'une platine 5-axes motorisée pour l'analyse automatisée. Le faisceau d'électrons est utilisé avec une énergie de 9 keV. Les analyses sont réalisées en mode low-vacuum (0,3 à 0,45 torr de vapeur d'eau dans la chambre) sans aucun traitement (métallisation au carbone) des échantillons.

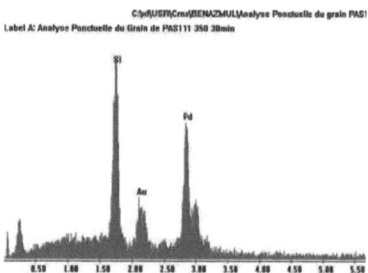

Fig. II.17 : Exemple d'un spectre EDX d'un échantillon contenant du silicium, du palladium .16 : et de l'Or sans recuit.

II-8 Conclusion :

Les techniques utilisées ne sont pas choisies au hasard, mais dépendent du type d'information qu'on veut obtenir et de la disponibilité des instruments de mesure. La diffraction des rayons X associée à la microscopie à balayage constituent à eux seules un puissant moyen d'investigation. La DRX a permis de déterminer le degré de cristallité des matériaux. La microscopie à balayage a permis de fournir des informations sur la morphologie de surface et la composition chimique. La RBS, technique complémentaire, a permis de donner avec précision les épaisseurs des couches déposées et leur stœchiométrie.

III-Etude de la diffusion à la surface des multicouches de Cu/Au sur du silicium monocristallin(100) :

III-1 Introduction :

Durant les dernières générations des circuits logiques, un groupe de matériaux, les siliciures, s'est développé et s'est avéré fortement intéressant [51]. Les siliciures forment la nouvelle classe simple des matériaux combinant le métal avec du silicium, particulièrement le siliciure métal-riche noble dont les principales caractéristiques se situent dans sa réactivité chimique. Leur utilisation dépend du rôle à jouer et de leur stabilité thermique pendant le fonctionnement du dispositif. Les siliciures sont employés en tant que contacts, barrières de Schottky et intercommunications ohmiques pour les dispositifs en microélectroniques [52]. C'est pourquoi, actuellement, un grand intérêt est consacré à la croissance de siliciures en ce qui concerne leur utilisation dans les circuits intégrés. En effet, le contact métal-silicium est progressivement substitué par le contact de siliciure-silicium parce que les siliciures offrent une meilleure stabilité thermique et une bonne adhérence sur le silicium et le SiO_2 par rapport aux métaux simples [53].

Dans ce premier sous chapitre, nous nous étudions en premier l'inter diffusion et la réaction entre une couche de cuivre mince et un substrat de silicium à travers une couche mince d'or. Dans le but d'empêcher la diffusion du cuivre dans le silicium pour améliorer la stabilité thermique et améliorer l'adhérence des films en contact, l'effet de la couche mince d'or comme barrière de diffusion sur la réaction entre le Cuivre et le silicium, est étudié.

A cet effet, des couches minces d'or et de cuivre ont été évaporées successivement sur des substrats de silicium monocristallin d'orientation (100). Ces échantillons ensuite ont subi un traitement thermique dans un four conventionnel sous vide dans la plage de température variant entre 200°C et 400°C pendant 30 min. Les échantillons obtenus ont été analysés par plusieurs techniques de caractérisation à savoir : La spectroscopie de rétrodiffusion de Rutherford (RBS), la diffraction de rayons X (DRX) et la microscopie électronique à balayage(MEB).

III-2 Expérimentation :

Avant d'effectuer les dépôts des couches minces d'or et du cuivre sur les substrats de silicium, ces substrats ont effectué un décapage chimique, ils ont été d'abord dégraissés dans des bains d'acétone, de trichloréthylène et de méthanol, et puis décapées dans une solution acide fluorhydrique diluée, avant leur introduction dans l'évaporateur.

Des couches d'or et de cuivre d'épaisseur estimée respectivement environ à 1000 Å et 1200 Å chacune ont été thermiquement évaporées consécutivement sans rupture du vide (2×10^{-7} torr). L'ordre de dépôt effectué, nous a permis d'obtenir le système Cu/Au/Si(100). Les échantillons obtenus sont ensuite recuits dans un four tubulaire sous vide sous une plage de température allant de 200°C à 400 °C pendant 30 min.

Les analyses quantitative et qualitative des échantillons ont été effectuées par la spectrométrie de backscattering de Rutherford, la microscopie électronique à balayage et la diffraction de rayons X.

La composition et l'épaisseur des couches formées ont été déterminées en simulant les spectres expérimentaux RBS obtenu par le logiciel RUMP avec les conditions expérimentales standards, faisceau de particules $_4He^+$ mono énergétique de 2 MeV, sous un angle de détection de 165°. La morphologie de la surface des échantillons a été examinée par la microscopie électronique (MEB) et leur composition extérieure a été donnée au moyen d'un rayon X de l'analyseur dispersif d'énergie (EDX) intégré au microscope électronique. Ceci permet une analyse locale sur les cristallites ou une analyse globale sur de plus grands secteurs quand la couche est continue. L'énergie primaire du faisceau d'électrons est choisie égale à 9 KeV afin de limiter la profondeur à analyser à 2000 Å dans les échantillons qui correspond approximativement à l'épaisseur des deux couches déposées. Enfin, La diffraction de rayon X en mode 2θ est employée pour identifier les phases formées.

III-3 Dépôt de bicouches Cu/Au/Si(100)

III-3-1 Echantillon non recuit :

Le spectre de diffraction des rayons X, figure III.2(a) correspondant au système Cu/Au/Si(100), juste après déposition d'une couche mince de cuivre évaporée sur une couche d'Or, celle ci évaporée sur une plaquette de silicium monocristallin d'orientation (100), où on observe l'émergence d'une panoplie de pics de diffraction Cu(111),Au(111),Au(220) et Au(200) montrant ainsi la nature polycristalline d'une part de la couche d'Or déposée sur du Si et d'autre part celle de la couche de cuivre évaporée sur Au/Si(100). Sur ce diffratogramme, on remarque que les pics Au(111) et Cu(111) vu leur intensité, sont les orientations dominantes sur Si(100).

L'analyse par RBS de cet échantillon, comme s'est illustré sur la figure III.3 on note la présence de ces trois éléments représentés par trois parties distinctes, un plateau aux basses énergies correspondant au substrat de silicium, le pic Au vers les hautes énergies et le pic du milieu correspond à Cu.

Paradoxalement, l'ordre de dépôt (fig.III.1) n'est pas respecté et laisse croire que l'Or se trouve en surface. Le pic Au apparaît en premier, ceci s'explique par le fait que son facteur cinématique est plus grand que celui du Cu, ce qui implique $K_{Au}E_0 > K_{Cu}E_0$, ou en canal $C_{Au} > C_{Cu}$.

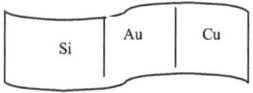

Fig. III.1 : Ordre de dépôt de Au et Cu sur le substrat de silicium

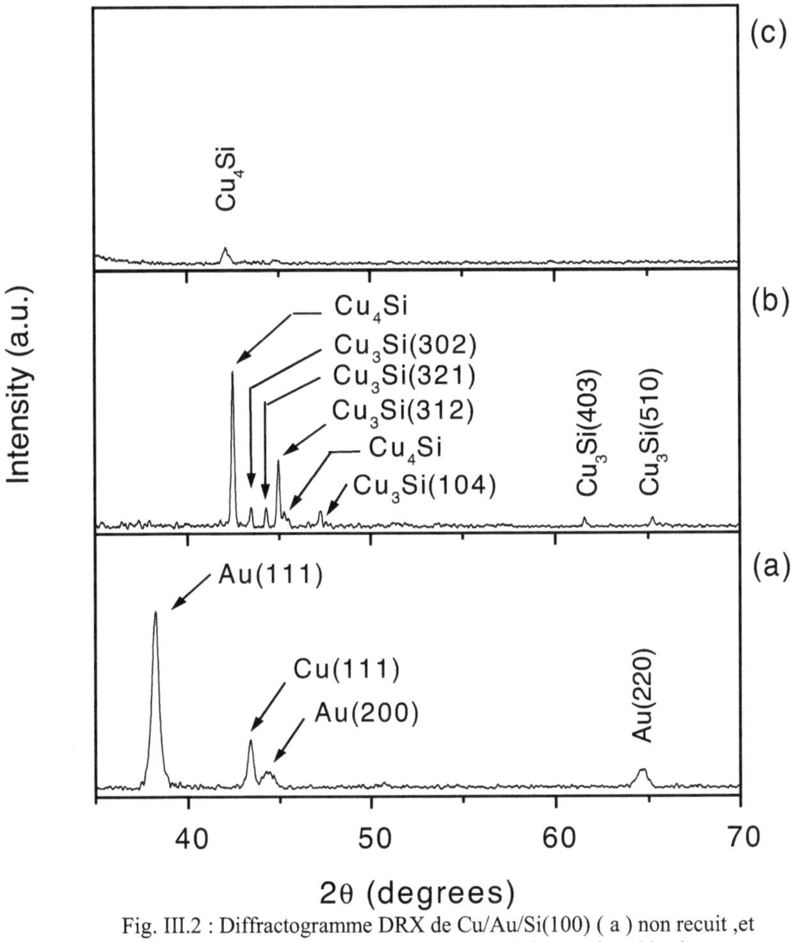

Fig. III.2 : Diffractogramme DRX de Cu/Au/Si(100) (a) non recuit ,et échantillons recuits à (b) 200°C et (c) 400 °C pendant 30 min.

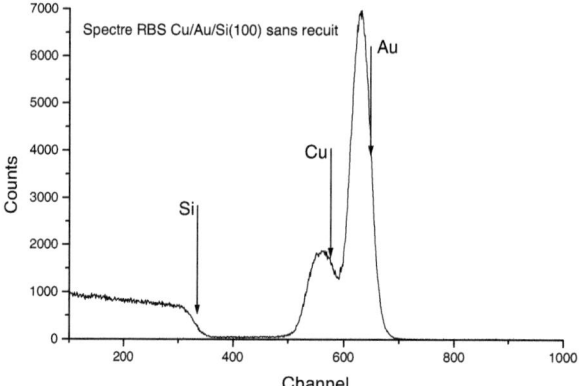

Fig. III.3 : Spectre RBS de Cu/Au/Si(100) sans recuit

    La deuxième remarque qu'on peut tirer de ce spectre est le chevauchement des pics de cuivre et d'or, ceci est du à plusieurs facteurs à savoir : mauvaise résolution en masse , l'ordre de dépôt et les épaisseurs respectives de Au et Cu qui sont assez élevées. Ce glissement du pic de Au vers les hautes énergies et son chevauchement avec le pic de Cu, est du aux facteurs cités ci dessus et surtout à la perte d'énergie des particules chargées en traversant la couche de Cu.

    La figure III.4 illustre bien le phénomène où deux spectres expérimentaux pris dans les mêmes conditions des deux systèmes Cu/Au/Si et Au/Cu/Si sont représentés Comme on le constate, l'ordre de dépôt n'est pas le même. Pour le système Au/Cu/Si où Au est en surface, les deux pics Au et Cu sont bien distincts.

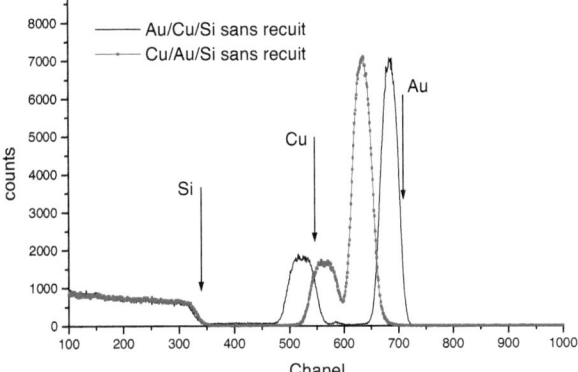

Fig. III. 4 : Spectres expérimentaux RBS des systèmes Au/Cu/Si et Cu/Au/Si sans recuit.

Il est intéressant de noter les canaux respectifs à la surface des pics de Si, Cu et Au pour la suite de la discussion, voir tableau suivant :

Element	N° atomique	Masse atomique	Acteur cinématique	Canal Cu/Au/Si	Canal Au/Cu/Si
Cu	29	63.546	0.7813	585	552
Au	79	196.967	0.9238	654	702
Si	14	28.086	0.5721	324	324

Enfin, on note aussi, l'aspect abrupt des deux interfaces Cu/Au et Au/Si, prouvant ainsi qu'aucune réaction ou interdiffusion entre Au et Cu n'a eu lieu au moment du dépôt.

La micrographie MEB du même échantillon (Fig.III.8 (a)) montre l'aspect de la surface grise et uniforme. La concentration est déterminée par microanalyse X globale (EDX), en utilisant un faisceau d'électrons incidents d'énergie 9 keV qui donne la concentration suivante : 89.7 % at Cu, 9.19 % at Au et 1.11 % at Si d'où la surface grise correspond à la matrice du cuivre pur et que la faible concentration du silicium provient du silicium correspondant au substrat.

III-3-2 Echantillon recuit à 200 °C :

La fig III. 5. représente deux spectres expérimentaux RBS, du système Cu/Au/Si non recuit et recuit à 200 °C. La première observation qu'on peut tirer de cette figure est la diminution en hauteur et l'élargissement des pics de Cu et Au suite au recuit, cela est du à une croissance uniforme en profondeur de ces deux éléments. Les concentrations de Au et Cu ont diminuées d'une manière significative au détriment de l'élargissement des pics et un glissement des ces pics est initié.

A titre comparatif sur l'effet de l'ordre de dépôt ,la figure III. 6 présente deux spectres expérimentaux RBS, l'un correspond au système Au/Cu/Si sans recuit mettant en évidence les deux limites de Au et Cu , vu que Au est en surface , donc le canal de Au est la limite supérieure et le canal de Cu vers les basses énergies est la limite inférieure et l'autre spectre correspond à Cu/Au/Si recuit à 200 °C. On remarque que :

Le pic de Au s'est déplacé vers les hautes énergies, jusqu'à la limite énergétique supérieure du système Au/Cu/Si où l'Or est en surface (Canal = 705). Autrement dit une diffusion de l'or vers la surface est initiée. Par contre, le canal du cuivre à sa limite inférieur s'est déplacé légèrement vers les basses énergies, il passe du canal 552 au canal 485 qui résulte de la diffusion du cuivre dans le volume. Le phénomène est le même pour le silicium, la diffusion de celui ci vers la surface à travers la couche d'Or est bien schématisée par la différence des canaux à sa limite supérieur du plateau de silicium ($\Delta Canaux=5$). .

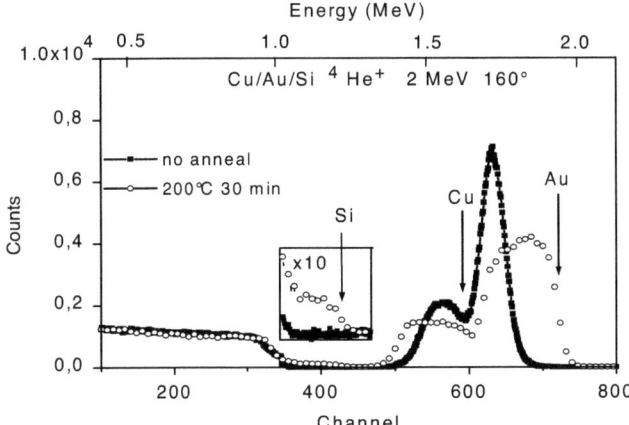

Figure III.5 : Spectres expérimentaux RBS du système Cu/Au/Si(100) (■) non recuit et (○) recuit à 200 ° C pendant 30 min.

Quantitativement, l'analyse du spectre de retrodiffusion de l'échantillon Cu/Au/Si(100), recuit à 200 °C pendant 30 min, Fig III.5, montre que les trois éléments Au, Cu et Si ont interdiffusés fortement. La simulation du spectre expérimental (Fig III. 7 (b)), indique que la couche croissante résultant de cette interdiffusion est une composition mélangée de Cu-Au-Si . Le profil de silicium prouve qu'une quantité de silicium relativement importante estimée à 21 %at.Si, confirmé par microanalyse a diffusée vers la surface.

Nous enregistrons que toute la couche de cuivre est pratiquement consommée par sa réaction avec le silicium.

Les atomes de la couche d'or ont diffusé vers la surface à travers la couche de cuivre. Le déficit dans le cuivre par rapport la couche originale est compensé par la diffusion des atomes d'or (30% at.Au) le long de toute la couche. La forme horizontale du signal suggère presque que le mélange formé ait une concentration uniforme détaillée et étendue sur environ 2450 Å (voir spectre simulé Fig. III.7 (b)).

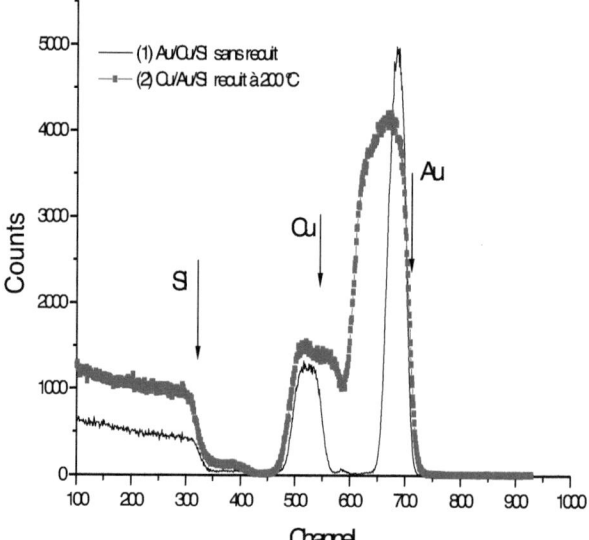

Fig III.6 : Spectres expérimentaux RBS de Au/Cu/Si sans recuit et de Cu/Au/Si recuit à 200 °C

La microscopie électronique à balayage (MEB) du même échantillon montre toujours l'aspect uniforme gris avec un début de formation de cristallites légèrement apparentes. L'analyse par EDX montre que la surface est composée de 89.5 %at.Cu et 9.2 % at.Au.

Le diffractogramme correspondant au recuit à 200 ° C , fig.III.2 (b) ne détecte aucune trace de pic d'or. Cependant, le paquet des lignes de réflexion est attribué seulement aux composés de Cu_3Si et de Cu_4Si. Aucune trace du composé l'Au-Cu , comme Au_3Cu, Au_3Cu_2, $AuCu$ ou $AuCu_3$ n'est détectée. Le décalage systématique des pics de diffraction vers les petits angles, qui est d'environ 0,6 degrés, correspond à l'augmentation des paramètres de treillis.

La disparition des pics de Au et de Cu prouve d'une part que toute la couche de cuivre s'est transformée en siliciure Cu_xSi et que la couche de Au est complètement dissoute lors de la réaction.

Cette expansion de la structure cristalline est probablement attribuée à la dissolution des atomes d'or dans la couche des siliciures de cuivre formés. S'il est difficile de dire qui est parmi des trois éléments qui a diffusé en premier, néanmoins, la couche d'or réagit comme barrière pour empêcher l'interdiffusion entre le cuivre et le silicium. Il est connu que Au/Si forme un système eutectique simple en raison de la solubilité totale extrêmement basse du silicium dans une couche mince d'or. Les atomes de silicium migrent à travers la couche d'Or, en plus de la faible précipitation dans (111) grains orientés lors du refroidissement de la fonte eutectique [54,55] avec du silicium. Ainsi les atomes de l'or ne peuvent pas réagir avec ceux du silicium à l'exclusion de toute la formation des composés d'Au-Si.

De la même manière, on rapporte dans la littérature que le cuivre et l'or interpénètrent fortement à travers les barrières de Ni [56] et du Pd [57]. On signale également que les atomes de cuivre constituent l'espèce dominant de diffusion lors de la formation et la croissance des siliciures de cuivre [58].

C'est en accord avec la règle postulant que dans les composés (Cu_3Si, Cu_4Si) la majorité des atome de Cu sont les plus rapide diffuseur. Nous postulons que les atomes de cuivre et de silicium répandent de tous les côtés, probablement par l'intermédiaire de mécanisme de frontières de grain dans la couche polycristalline d'or ou à l'interface d'Au/Si, pour réagir et former les riche-siliciures de cuivre.

III-3-3 Echantillon recuit à 400 °C :

Tout en augmentant la température de recuit jusqu' à 400°C, la morphologie extérieure de l'échantillon n'est plus uniforme et présente une formation rapide de cristallites claires sur un fond gris. Ces cristallites se présentent sous la forme carrée (25 x 13 µm) et rectangulaire (15 x 15 µm) [fig.III.8] et sont composées d'une couche Au-Cu de composition 56.4% at Cu et 20.83 % at Au interdiffusée au silicium. Tous les cristallites sont orientés le long de la même direction et nous concluons, ainsi, qu'ils croissent épitaxialement sur Si(100). Cette croissance épitaxiale des cristallites, mais assignée à la phase Cu_3Si sur du Si(100) est observée également par N. Benouattas [59] après un traitement thermique de Cu/SiO_2(native)/Si(100) à 700 °C Malheureusement, vu les épaisseurs des couches

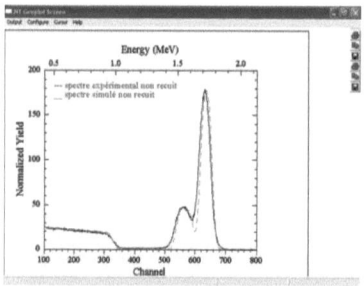
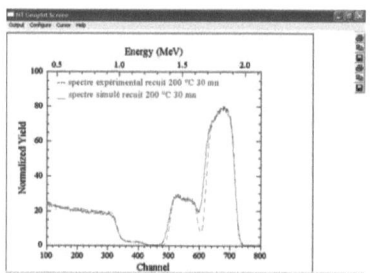
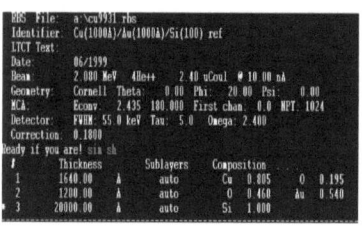

Fig. III.7 : Spectres RBS expérimentaux et simulés Cu/Au/Si(100) : (a) non recuit et (b) recuit à 200°C 30 m.

Déposées, on ne peut pas utiliser la RBS en mode canalisée pour confirmer la croissance épitaxiale de ces cristallites. Les dendrites claire et sous forme arborescente sont composées de 32.09 % at Cu et 14.61 % at Au interdiffusé au silicium. Le fond gris correspond au silicium du substrat (96.27%at) et faiblement interdiffusé par Cu (1.8%at) et Au (1.93 %at)

Le diagramme diffraction de rayons X, fig.III.2 (c), prouve que seulement la correspondance maximale de réflexion au siliciure de Cu_4Si persiste. La disparition de la phase de Cu_3Si indique que, à températures élevées, Cu_4Si est une phase stable.

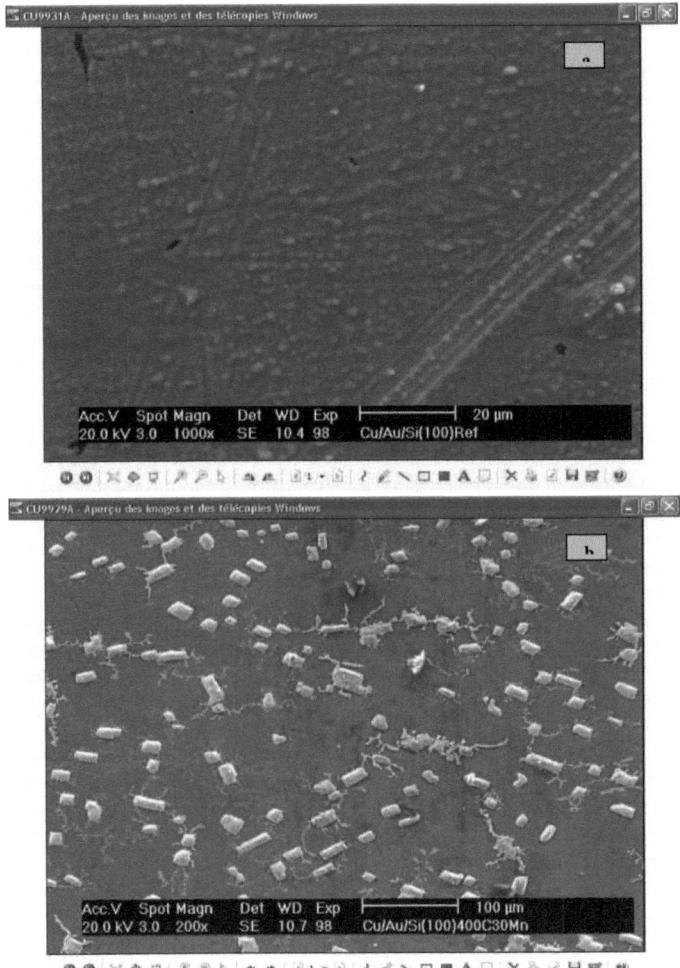

Fig. III.8 : Morphologie MEB de Cu/Au/Si(100) (a) échantillon non recuit et (b) échantillon recuit à 400 °C pendant 30 min.

III-4 Discussion générale :

La diffraction des rayons X montre que dans le système Cu/Au/Si(100) avant traitement thermique, que les grains des couches de cuivre et d'or évaporées sont déposés suivant plusieurs plans de directions différentes, et sont donc caractéristiques d'une structure polycristalline.

Le recuit thermique de ces échantillons Cu/Au/Si(100) a pour conséquence la formation et la croissance des siliciures riches en cuivre Cu_3Si et Cu_4Si. Ainsi, on peut avancer que la barrière de diffusion constituée par la couche d'or de 1000 A° n'a pu prévenir l'interdiffusion des atomes de cuivre et du silicium.

D'après le tracé des profils RBS, il est très difficile de dire lequel des trois éléments diffuse en premier et qu'elles sont les mécanismes de diffusion qui ont conduit à la formation de ces phases Cu-Si. Tout ce qu'on peut affirmer, par RBS, est que cette interdiffusion a conduit à la formation d'un mélange Cu-Au-Si sur des épaisseurs équivalentes à celles de la somme des couches métalliques évaporées.

Il est rapporté que les atomes de cuivre constituent le diffusant dominant lors de la formation et la croissance des siliciures de cuivre [60]. Ceci est en accord avec la règle qui stipule que lors de la formation des composés (siliciures riches en cuivre), l'atome majoritaire (Cu) diffuse plus rapidement.

D'autre part, il est bien connu que l'or ne peut réagir avec le silicium pour former des composés Au-Si stables, et ce à cause de la faible solubilité limite de Au dans Si. Ainsi lors de l'interdiffusion, les atomes d'or migrent à travers la couche de silicium et forment de faibles précipités. Comme conséquence, les atomes d'or ne peuvent réagir avec le silicium excluant toute formation de siliciure d'or.

Le décalage systématique des pics de diffraction, vers les faibles angles, attribués aux phases siliciures est dû au fait que lors de la réaction, les atomes d'or se sont incrustés dans les couches des composés Cu-Si formées. Ceci a conduit à une dilatation des mailles induisant une augmentation du paramètre cristallin.

Dans le même ordre d'idée, l'or et le cuivre sont connus aussi pour leur grande interdiffusion même à travers des barrières de diffusion constituées de couches de nickel et de palladium, même si aucun composé Au-Cu n'a été rapporté. De ce fait, nous postulons que lors de la réaction, les atomes de cuivre diffusent dans la couche intermédiaire d'or au moment où les liaisons de surface Si-Si du substrat se brisent pour alimenter, par les atomes de silicium, la réaction interfaciale.

Il est rapporté dans de nombreux travaux [61, 59] sur les contacts Cu/Si avec et sans barrière de diffusion que la première phase croissante à l'interface est le siliciure Cu_3Si à partir de la température seuil de 170°C et sur le substrat Si(100), en particulier, la réaction peut prendre place même à 125°C [62]. Cependant combien a été notre surprise de voir qu'à 200°C la réaction était totale avec la formation des deux siliciures en même temps.

L'augmentation de la température de recuit à 400°C, montre une plus grande stabilité de la phase Cu_4Si par rapport à la phase Cu_3Si à haute température. Chin-An-Chang a montré que la réaction d'une couche mince de cuivre avec du silicium a lieu plus rapidement sur Si(100) .Ce résultat a été expliqué en termes de différence de liaisons Si-Si à la surface du substrat. En effet pour Si(100), chaque atome Si en surface est lié à deux atomes de Si de la deuxième couche juste au dessous et de deux liaisons en surface.

L'aspect contrasté des micrographies MEB et la formation de cristallites, parsemés sur un fond constitué de silicium, laissent suggérer que lors de la réaction, le cuivre et l'or ont coalescé. Ces cristallites de Au-Cu formés sont hautement interdiffusés au silicium. Si vers les basses températures, la morphologie en surface est pratiquement homogène et uniforme, à 400°C par contre on enregistre la croissance de cristallites sous forme carré et rectangulaire sur Si(100)). Ces cristallites bien épitaxiés se caractérisent par de grandes dimensions de croissance, et sont attribués à Cu_4Si sur Si(100) .

III-5 Conclusion :

Dans ce premier sous chapitre, on peut conclure que le traitement thermique de la structure multicouches de Cu/Au/Si(100) , à 200°C, a pour conséquence la formation d'une structure à composition mélangée avec la croissance de riche-siliciures de cuivre de Cu_3Si et de Cu_4Si. L'augmentation de la température à 400°C mène seulement à la formation de siliciure de Cu_4Si avec la croissance de cristallites de formes carrées et rectangulaires bien orientés sur Si(100).

IV-Etude comparative de la diffusion de Cu et Au en surface des systèmes Cu/Au/Si et Au/Cu/Si orientation (111) :

IV-1 Introduction :

L'étude des siliciures a fourni beaucoup d'informations concernant les réactions de phase et ce dans le but de mettre au point de nouveaux matériaux. D'un point de vue technologique, la connaissance de l'interdiffusion entre les bicouches métalliques et le silicium, Métal$_1$ /Métal$_2$ /Si présente un intérêt croissant pour la technologie d'intégration à très grande échelle (VLSI) [63]. En raison de leur complexité, les aspects de ces systèmes ternaires sont moins étudiés que les systèmes binaires quoiqu'ils puissent avoir encore un plus grand impact technologique. Les systèmes de Cu/(métal ou siliciure)/Si sont très attrayants principalement en raison de leur utilisation potentielle pour les siliciures peu profonds entre les contacts et les barrières de diffusion [64]. Malheureusement parmi les métaux de transition, le cuivre est très mobile dans le silicium, même aux températures ambiantes, misleading la création de niveaux de piège dans la matrice de silicium, qui sont des destructeurs des dispositifs [65]. Pour cette raison, il est intéressant de comprendre les mécanismes qui régissent l'interdiffusion du cuivre et du silicium à travers des couches-barrières. L'or est une barrière appropriée parce qu'il peut diffuser dans le silicium sans réagir avec lui et présente une résistivité électrique inférieure à 2,35 µΩcm [66].

Nous rapportons dans ce paragraphe les résultats relatifs au comportement de la diffusion du silicium et du cuivre en présence des atomes d'or, en jouant sur leur ordre de dépôt M$_1$/M$_2$ et M$_2$/M$_1$. Il est très intéressant d'étudier le comportement du système Au/Cu/Si(111) par rapport au système Cu/Au/Si(111). Cette étude comparative nous permet de suivre l'influence des mécanismes de diffusion sur la réaction interfaciale entre le Cu et le silicium. De la même manière, l'effet d'une couche d'or sur la croissance des siliciures de cuivre et leur formation sont étudiées dans ce chapitre.

IV-2 Expérimentation :

Les plaquettes de silicium Si monocristallin utilisées comme substrat, sont des plaquettes commerciales, grade électronique, Wakers, d'orientation (111), 525 µm d'épaisseur, type p, de résistivité 1-10 Ω/cm. Avant l'opération de dépôt, ces substrats ont été préalablement dégraissés pour que leur surface soit débarrassée des contaminants (oxydes), successivement dans des bains à ultra sons, d'acétone, de trichlorure d'éthylène et du méthanol.

Après dégraissage, les substrats sont introduits dans le banc d'évaporation sous vide. Sans rupture de vide et à l'aide d'un cache commandé extérieurement, le cuivre et l'or qui sont de grande pureté 99.999 %, sont thermiquement évaporés dans deux creusets séparés et déposée successivement à tour de rôle sur le substrat de silicium. L'évaporation a été effectué sous vide de l'ordre de 5×10^{-7} torr et sans rupture de vide afin d'empêcher la présence d'oxygène aux interfaces M_1/M_2 et M_2/Si. Un oscillateur de quartz situé in situ de l'évaporateur permet de controler l'épaisseur des couches déposées et la vitesse de dépôt. Les films d'Or et de Cu déposés ont des épaisseurs respectives de 1000 Å chacun. Ainsi, on a obtenu deux systèmes Cu/Au/Si(111) et Au/Cu/Si(111) pour notre étude.

Afin de favoriser la diffusion d'éléments aux différentes interfaces, les échantillons résultants des deux systèmes ont subit les mêmes traitements thermiques et dans les mêmes conditions. Ces traitements ont eu lieu toujours sous un vide poussé pour des températures de 200 °C et 400 °C pendant 30 min dans un four tubulaire. Pour cela, ces échantillons sont introduits au milieu d'un tube à quartz où la température est stable et précise avec un $\Delta\theta = \pm 1$ °C. Les analyses quantitatives et qualitatives de ces échantillons ont été effectuées par plusieurs techniques de caractérisation à savoir :

L'évaluation des concentrations atomiques est déterminée par la technique de rétrodifusion coulombienne (RBS). Par simulation des spectres expérimentaux obtenus à l'aide du logiciel RUMP, version Windows, on détermine avec une bonne précision la composition et l'épaisseur des couches formées. La diffraction de rayons X en mode 2θ est utilisée pour identifier les phases formées. Enfin, La morphologie de la surface est déterminée par la microscopie électronique à balayage MEB, permet en particulier à une analyse locale des cristallites quand la couche extérieure n'est pas uniforme. La composition extérieure est donnée par un analyseur dispersif d'énergie de rayon X (EDX) intégré au microscope électronique. L'énergie primaire du faisceau d'électrons est fixée à 9 keV afin d'analyser seulement les 2000 premiers angströms de la surface correspondant aux couches de cuivre et d'Or déposées.

IV-3 *Etude des systèmes Cu/Au/Si(111) et Au/Cu/Si(111)*
IV-3-1 *Echantillon non recuit.*

Les figures IV.1 (a) et IV.2 (a), illustrent les diagrammes de diffraction de rayons X correspondant respectivement aux systèmes Cu/Au/Si(111) et Au/Cu/Si(111) non traité (référence). On note que seuls les pics Au(111) et Cu(111) sont présents montrant que les grains d'or déposés sur le Si(111) et ceux du cuivre déposés sur la couche d'or sont préférentiellement orientés selon la direction (111) sur Si(111) et qui n'est d'autre que la direction de croissance naturelle des poudres correspondant à l'Or et au cuivre selon les fiches ASTM. Ces résultats concordent avec ceux rapportés par Ching An Chang [67].

L'analyse de ces échantillons par la technique RBS confirme les observations obtenus par DRX .Les spectres énergétiques RBS des deux systèmes fig IV.3 et fig IV.4 se composent de trois parties distinctes : quelque soit l'ordre de dépôt, vers les hautes énergies, un pic correspond à l'Or, vers les basses énergies le plateau de silicium et le pic intermédiaire présente la couche de Cuivre déposée. Comme mentionnée précédemment, le pic d'Or est en premier, vu que son facteur cinématique est supérieur à celui du cuivre. Ces deux spectres énergétiques montrent clairement pour les deux systèmes ont des interfaces brusques de Cu/Au, Au/Cu sans aucune interdiffusion ou réaction apparente. La simulation de ces spectres par le logiciel RUMP, nous donne les épaisseurs réelles des couches déposées. A partir des fiches actives associées aux spectres, on a regroupé les valeurs des épaisseurs dans le tableau suivant :

système	Au (Å)	Cu (Å)
Cu/Au/Si(111)	700	900
Au/Cu/Si(111)	625	980

Les observations au microscope électronique à balayage montrent que ces échantillons non recuit , quelque soit le système , possèdent des surfaces assez uniformes et ne présentent aucun relief, figure IV.5 (a). La microanalyse X globale des échantillons correspondants aux deux systèmes en utilisant un faisceau d'électrons incident d'énergie 9 KeV donne les concentrations suivantes (voir tableau) :

Système	%atCu	%atAu	%atSi
Cu/Au/Si(111)			
Au/Cu/Si(111)			

Où la surface grise correspond à la matrice de cuivre pur pour le système Cu/Au/Si(111) et l'Or pour l'autre système. La faible concentration du silicium provient du substrat.

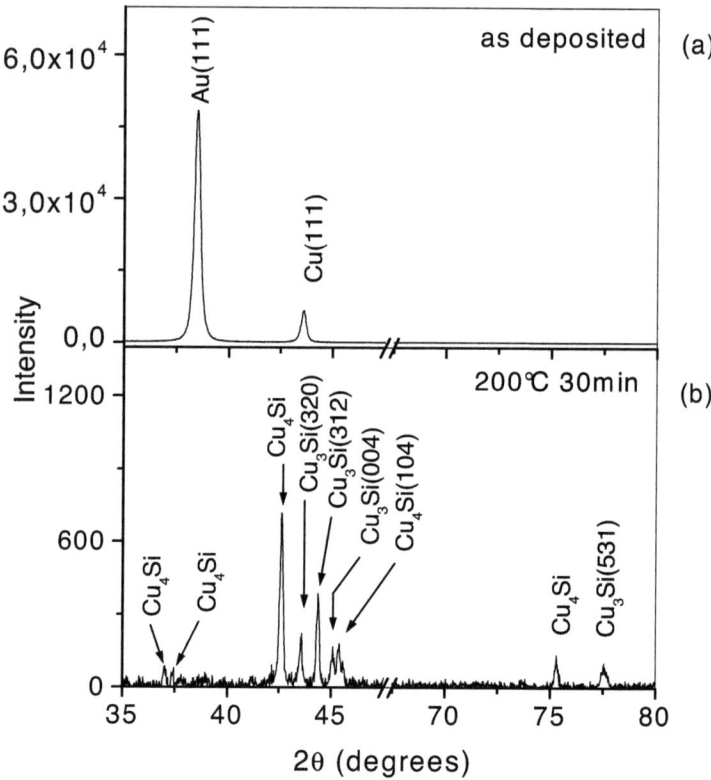

Fig. IV.1 : Diffractogrammes DRX des échantillons du système Cu/Au/Si(111) : (a) non recuit et (b) recuit à 200°C pendant 30 min.

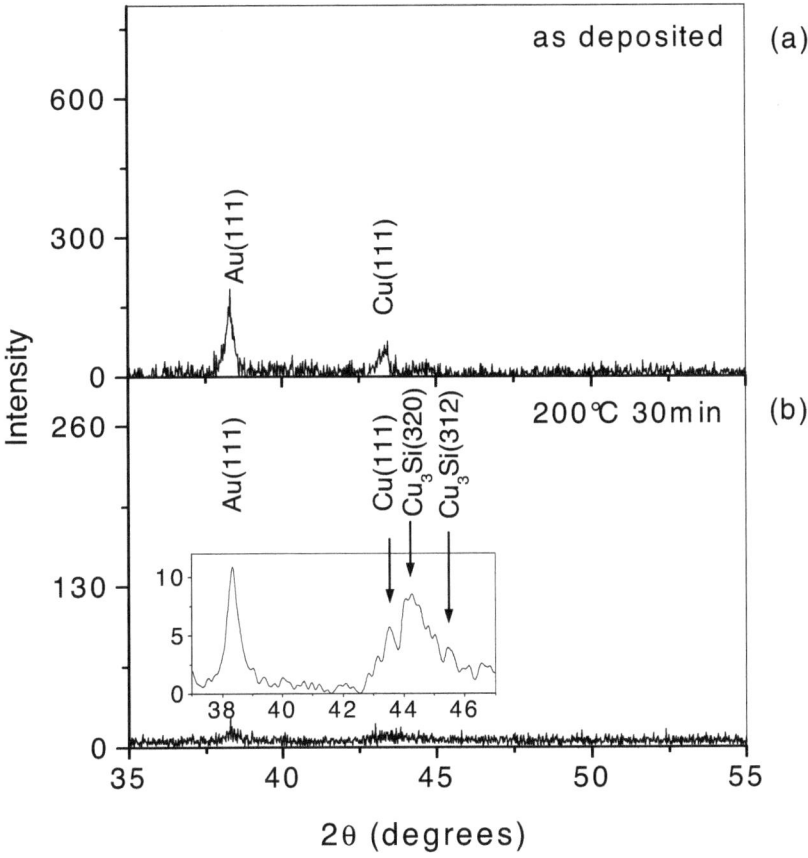

Fig. IV.2 : Diffractogrammes DRX des échantillons du système Au/Cu/Si(111) : (a) non recuit et (b) recuit à 200°C pendant 30 min.

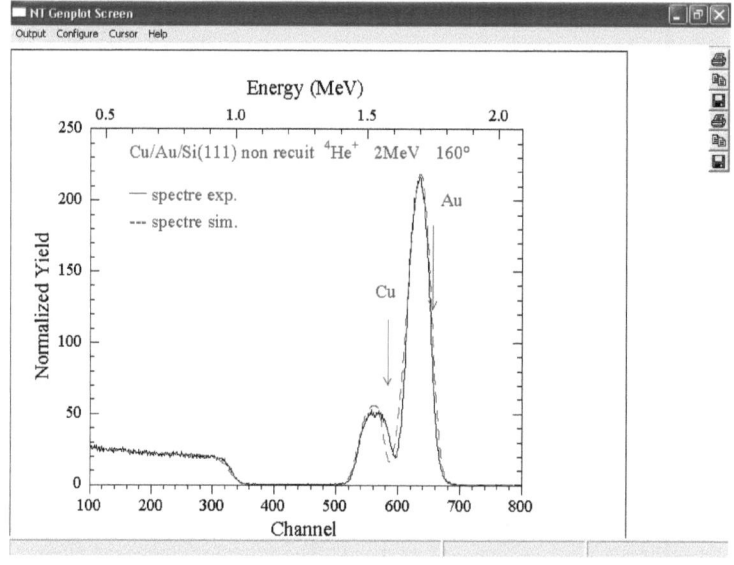

Fig. IV.3 : Spectres RBS expérimental et simulé de Cu/Au/Si(111) non recuit

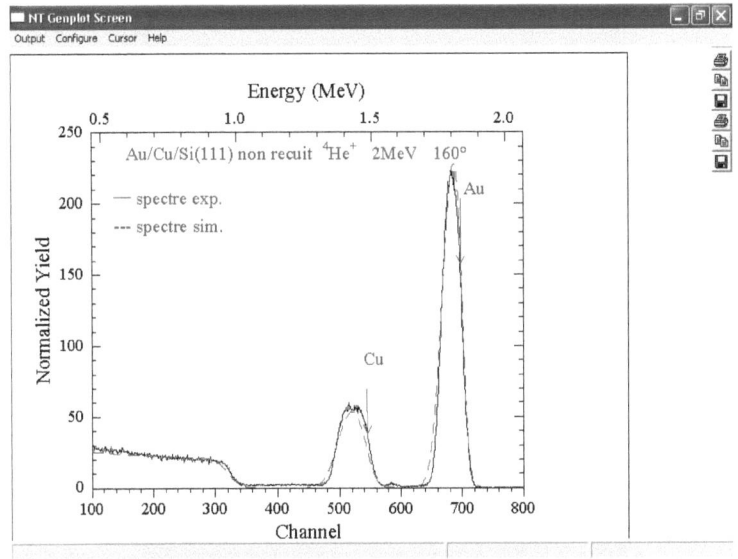

Fig. IV.4 : Spectres RBS expérimental et simulé de Au/Cu/Si(111) non recuit.

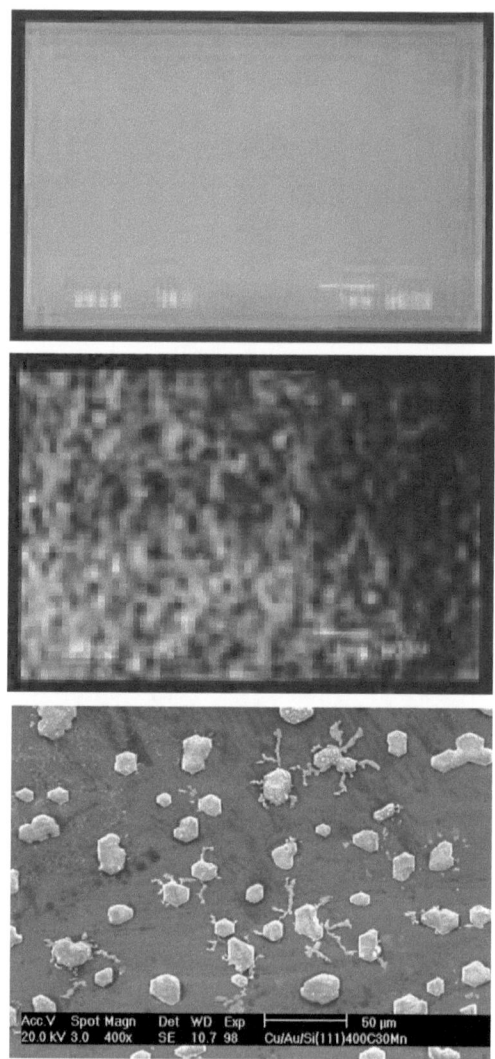

Fig. IV.5 : Micrographies de Cu/Au/Si(111) (a) échantillon non recuit (b) recuit à 200 ° C et (c) recuit à 400 ° C pendant 30 min

IV-3-2 Echantillon recuit à 200°C pendant 30 minutes :

Après recuit à la température 200°C, la micrographie MEB correspondant au système Cu/Au/Si(111) présente toujours une surface approximativement uniforme en métal [fig.IV.5 (b)] et rugueuse . On observe la croissance de petites cristallites de formes quelconque dispersées discrètement dans un fond noir et probablement sont composées de silicium pur. A partir du spectre RBS correspondant [fig.IV.6], pour le système Cu/Au/Si(111) , on note , que les pics des couches métalliques exhibent des interfaces Cu/Au et Au/Si aux allures différents de celles des interfaces abruptes des échantillons de référence (non recuit) . La deuxième observation qu'on apporte concerne le recouvrement des pics de Au et Cu , en raison de la mauvaise séparation en masse et l'augmentation des épaisseurs. La troisième observation porte sur le rendement de rétrodiffusion relatif à Au et Cu, qui a diminué considérablement en hauteur et un élargissement à mi-hauteur , en raison de la forte interdiffusion entre les différents éléments. On observe également un déplacement vers les hautes énergies des limites énergétiques supérieure et inférieure des signaux Si, Cu et Au respectivement. Ceci est du à la diffusion du cuivre à travers la couche d'or vers le substrat et à la migration des atomes d'or vers la surface. La simulation de ce spectre révèle une formation d'un alliage composé de 56%at.Cu , 22%at.Au et 21%at.Si sur une épaisseur d'environ de 2480 Å avec une contamination d'oxygène de 1 %. Enfin, la dernière observation, porte sur la forme des pics, qui présente des plateaux , correspondant à la formation d'un alliage Cu-Au-Si de concentration uniforme en profondeur. La présence d'oxygène dans la couche d'or et de cuivre provienne probablement de l'enceinte d'évaporation lors du dépôt, malgré que le vide était de l'ordre de $2\ 10^{-7}$ torr.

A titre comparatif, on a regroupé les spectres RBS des échantillons non recuit et recuit à 200 °C pendant 30 min dans une même figure IV.7 superposés où on remarque bien que le canal en surface de Au s'est déplacé de $C_{Au} = 648$ à $C_{Au}= 710$, de même pour la limite inférieur du canal de cuivre s'est déplacée de $C_{Cu}= 526$ à $C_{Cu}= 485$ et un léger déplacement du canal de surface du silicium. Les raisons de ces déplacements ont été expliquées dans le précédent paragraphe.

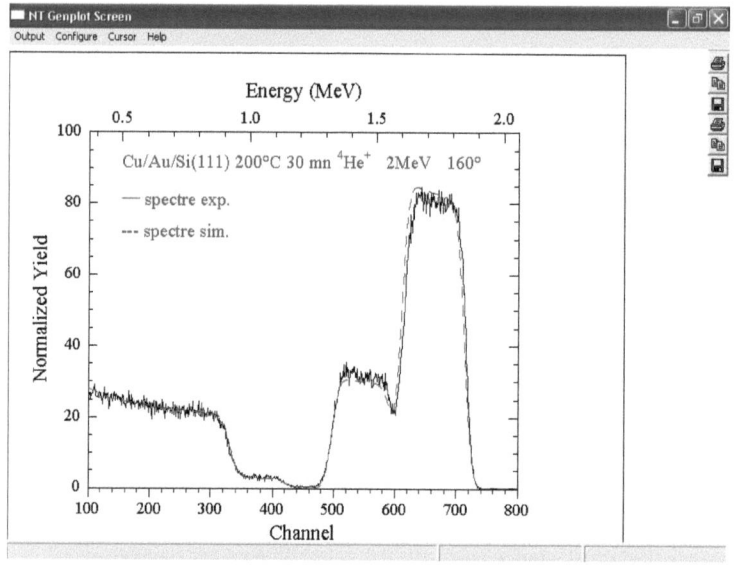

Fig. IV. 6 : Spectres RBS expérimental et simulé de Cu/Au/Si(111) 200 °C 30 min

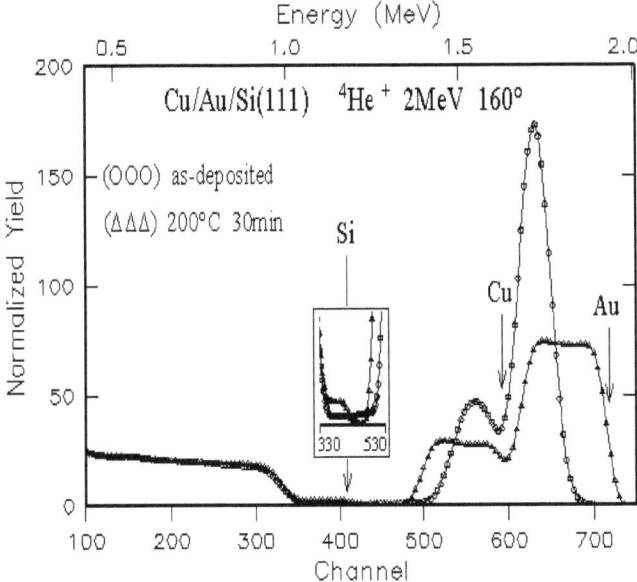

Fig. IV.7 : Spectres expérimentaux RBS des échantillons du système Cu/Au/Si(111) : (ooo) non recuit et (ΔΔΔ) recuit à 200°C. Les flèches verticales représentent les pics de surface de chaque élément.

Le diagramme de diffraction X du même échantillon est illustré sur la figure IV.1 (b) où on note l'émergence d'une panoplie de pics. Après identification, ces pics correspondent aux raies de siliciure de cuivre $Cu_3Si(320)$, $Cu_3Si(312)$, $Cu_3Si(004)$ et au deuxième siliciure de cuivre Cu_4Si.

L'absence des lignes d'or et de cuivre indique que toutes les couches en métal sont consommées par la réaction, au profit de la formation de composés de cuivre. Il est à noter également le décalage angulaire systématique de ~0.56° des pics des siliciures a été enregistré lors du dépouillement.

Par contre pour le système Au/Cu/Si, pour les mêmes conditions expérimentales de recuit, 200 °C, la morphologie extérieure de l'échantillon est lisse et homogène relativement avec 30at.%Au (analyse globale d'EDX) [fig.IV.5 (b)]. Ceci est confirmé par RBS, où les spectres énergétiques (fig IV.8) confirment que l'interdiffusion entre les trois éléments n'est pas encore initiée. En effet les pics de Cuivre, d'Or et de Silicium, après un recuit à 200°C, reste toujours séparés. Le premier signal de l'or avec 21at.%Au sur une épaisseur de 1370 Å , contient un peu de cuivre (8%.at.Cu) , mais est considérablement interdiffusé au silicium (62%.at.Si), en plus faiblement contaminé en l'oxygène. Le pic intermédiaire correspond à la couche de cuivre avec 46 %.at.Cu sur une épaisseur de 1900 Å et largement interdiffusé au silicium 57 %.at.Si , mais sans aucune trace d'Or. Le fond surélevé entre le cuivre et le silicium correspond au substrat qui est légèrement interdiffusé par le cuivre (9at.%Si).

IV-3-3 Echantillon recuit à 400°C pendant 30 minutes :

Tout en augmentant la température à 400°C, on peut considérer que le spectre énergétique RBS vers les hautes énergies est constitué de trois parties correspondant à trois sous couches où le silicium a hautement interdiffusé. Cette observation est valable pour les deux systèmes. La fig. III.2.10 représente le spectre énergétique du système Au/Cu/Si(111) recuit à 400 °C pendant 30 min. La simulation de ce spectre confirme la présence de ces trois sous couches superposées.

La première sous couche s'étend sur une épaisseur de 1300 Å est constituée de 21 %at.Au , diffusée par le cuivre et fortement par le silicium respectivement de 62%at.Cu et 17 %.at.Si. La deuxième sous couche , située juste dessous et d'épaisseur de 650 Å fortement interdiffusée d'atomes de silicium 46%at est très riche en atomes d'Or , 20 %.at. Enfin la troisième sous couche d'épaisseur 950 Å adjacente au substrat de silicium, constituée de 64 %at.Si, 31%at.Cu , mais très pauvre en atomes de Au. juste 5.%at. Pour le système Cu/Au/Si(111) , schématisé par la figIII.2.11, montre également des formes de signaux caractéristiques d'une croissance de couches non uniforme en profondeur. Ainsi la simulation montre que le signal de la couche métallique est subdivisé également en trois signaux correspondant à trois sous couches Cu-Au-Si fortement interdiffusés au silicium. La première sous couche vers les énergies élevées est d'épaisseur 1500 Å est constituée de 21 %atAu , mélangée à 62 %atCu et de 17 %at de Si. Juste derrière, la seconde sous couche d'épaisseur 750 Å est hautement interdiffusée par 46 %at

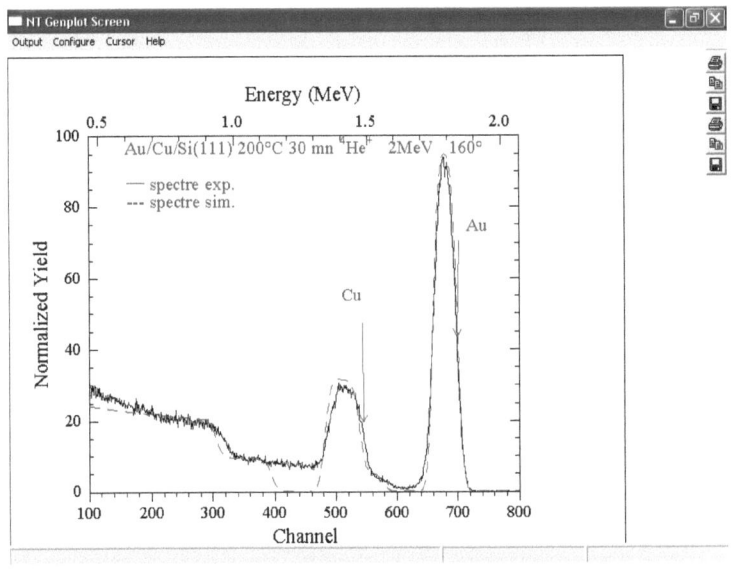

Fig IV.3 : Spectres RBS expérimental et simulé de Au/Cu/Si(111) recuit à 200 ° C.

Si, et très riche en Or avec 20 %at. La troisième couche confondu avec le plateau de silicium est très riche en silicium 64 %at et 31 %at de Cu mais très pauvre en Or, seulement 6%at.

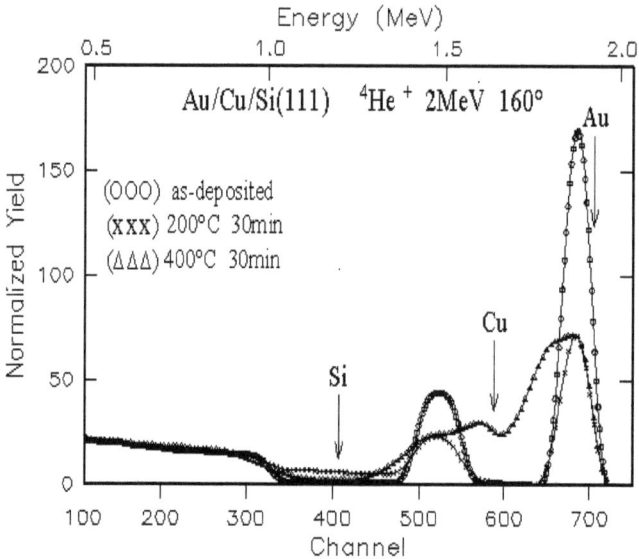

Fig. IV.8 : Spectres expérimentaux RBS des échantillons du système Cu/Au/Si(111) : (000) non recuit (ΔΔΔ) recuit à 200°C et (XXX) 400°C.

Le diagramme de diffraction du système Au/Cu/Si(111) , soumis à un traitement thermique de 400 °C , présente de faibles intensités des raies par rapport à celui du système Cu/Au/Si(111) [fig.IV.12 (a) et (b)] .Apparemment cette différence n'est pas du à la désorientation des cristallites, mais plutôt , peut être imputée à la rugosité de la surface initiale du substrat qui a subit un traitement chimique à l'acide fluorhydrique , de ce fait on est amené à une réduction de la surface efficace parallèle à l'orientation (111) du Si. Toutefois après traitement du
diffractogramme XRD , en s'aidant avec la méthode de Savitzky-Golay, ressortent trois crêtes correspondant à Au(111), Cu(111) et Cu_3Si. La persistance des raies de cuivre et d'or prouve qu'une transformation partielle des couches pures en métal a eu lieu et mène seulement à la formation et à la croissance de Cu_3Si. Pour le système Cu/Au/Si(111) , de toute la diversité des pics enregistrés à 200 °C, seulement deux pics correspondants aux raies Cu_3Si et Cu_4Si persistent, fig IV.12 (a).

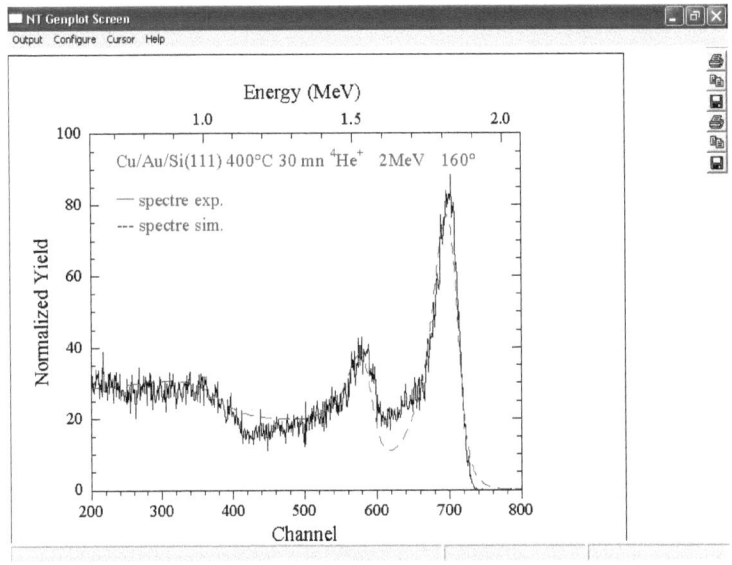

Fig IV.11 : Spectres RBS expérimental et simulé de Cu/Au/Si(111) recuit à 400 °C pendant 30 min

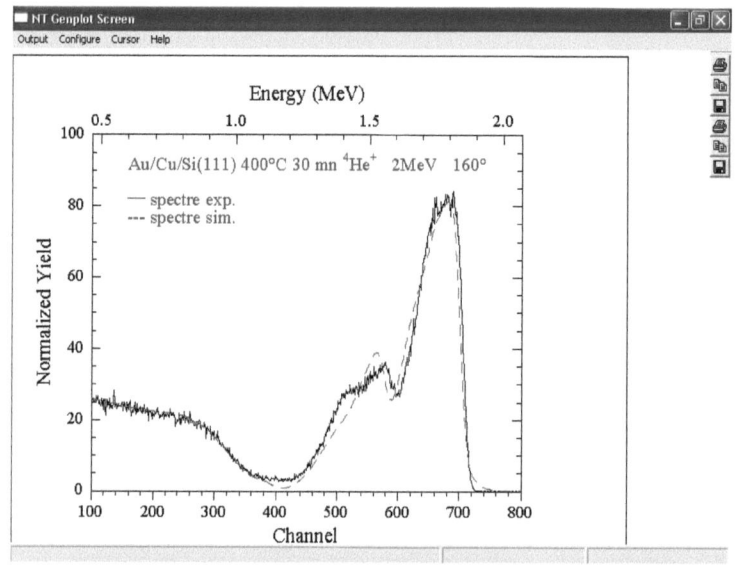

Fig. IV.10 : Spectres RBS expérimental et simulé de Au/Cu/Si(111) 400°C 30 min.

IV.4 Discussion générale :

A basse température 200 °C, les spectres énergétiques RBS relatifs à Cu et Au, se présente sous forme de plateaux, sur Si(111), suggèrent que la mixture Cu-Au-Si formée est uniforme en concentration, et le décalage des crêtes de diffraction de siliciures vers les petits angles, suggèrent que les grains d'or évaporés sont déposés épitaxialement sur le substrat de silicium monocristallin et que le cuivre à son tour suit l'empilement formé de l'or. De ce fait les mailles d'or viennent s'imbriquer suivant la diagonale de la maille diamant du silicium. Cette rotation de la maille de 45° a pour conséquence de transformer le désaccord direct qui était de 45 % en un désaccord plus raisonnable de 5.5 %, inférieur au seuil des 9% exigé par le théorie de Van Der Mew. Tout en se répandant, les atomes d'or dilatent les treillis cristallins des siliciures formés. La dilution entière de la couche d'or déposée dans les siliciures formés suggère que les atomes d'or aient la solubilité élevée limite dans les composés polycristallins de Cu_3Si et de Cu_4Si. Considérant que dans le système d'Au/Cu/Si, la diffusion des différents éléments n'est pas détaillée uniforme. Après un recuit à 200°C, l'absence de la diffusion d'or dans la couche de cuivre, la présence d'une quantité faible de cuivre dans la surface et la ségrégation élevée du silicium dans la surface laisse suggérer que l'interdiffusion des atomes d'or et du cuivre soient probablement retardés par la diffusion concurrentielle des atomes de silicium à la couche de cuivre, bien qu'on signale que le cuivre et l'or sont connus pour être des atomes qui interpénètrent fortement, même par des couches-barrière de Ni [68] et de palladium [69].

L'excès de silicium détecté dans la couche par RBS ($C_{Cu}/C_{Si}>2.5$) et par EDX ($C_{Cu}/C_{Si}>2.6$) sont assez loin de ce que devrait contenir l'ensemble des phases Cu_3Si et Cu_4Si ($C_{Cu}/C_{Si}>3.5$). Ceci est du peut être à l'hétérogénéité de la surface de l'échantillon, où la coalescence du cuivre et de l'or dénude en parti le substrat de silicium et par conséquent, vu la section du faisceau incident de 2 mm^2 environ, le silicium détecté ne provient pas seulement des cristallites du composé Cu-Au-Si mais aussi du silicium du substrat mis à nu. De ce fait la technique RBS donne une analyse globale et ne peut nous renseigner avec précision sur la stœchiométrie de la phase formée.

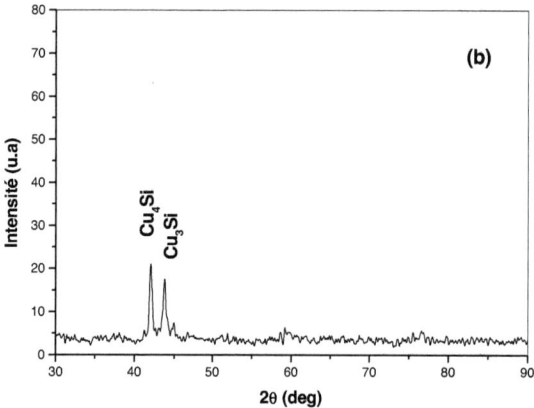

Fig. IV.12 : Diagrammes de diffraction X des échantillons : (a) Cu/Au/Si (111) (b) Au/Cu/Si (111) recuit à 400°C pendant 30 min.

Les phases Cu_3Si et Cu_4Si ont toutes les deux une conduction métallique, la résistivité de Cu_3Si à 293 K est ~53 µΩcm [70] elle est nettement meilleure que celles d'autres métaux simples, ce qui la rend intéressante pour les contacts électroniques, mais un peut élevée par rapport aux autres siliciures épit axiaux des métaux de transition [71]. Cependant Cu_4Si présente une meilleure stabilité thermique (vue que Cu_3Si disparaît au profit de SiO_2 par une réaction avec O à l'ambiante jouant un rôle protecteur) [72]. Structurellement le composé Cu_3Si présente deux phases allotropiques orthorhombique et trigonale [73], par contre Cu_4Si ne possède qu'une seule structure cristalline : cubique, ces structures se caractérisent par des constantes très élevées ce qui agrandi leurs interstices. Ce qui peut expliquer la forme des cristallites observées sur le Si(111). Les cristallites de siliciures Cu_3Si et Cu_4Si ont la forme de triangles équilatéraux. Leurs grandes dimensions peuvent être dues à la dissolution de l'Or dans les siliciures formés.

En plus à 200°C, d'après J.K.Solberg [74] Cu_3Si contient une concentration élevée de lacunes (d'atomes de cuivre) entre 4 et 11 % comparée avec celles générées thermiquement et très élevée par rapport à l'équilibre thermodynamique. Cette dissolution des atomes d'or dans les interstices des composés siliciure de cuivre qui induit un décalage angulaire des pics de diffraction de Cu_3Si et Cu_4Si, observé dans les différents diffractogrammes, vers les petits angles. De cet accroissement du volume des mailles a découlé la croissance de cristallites de dimensions plus de cent fois supérieures, au delà de 10 micromètres, à l'épaisseur des couches déposées (~ 2000 Å).

Cependant, tout en augmentant la température à 400°C, le silicium et la ségrégation du cuivre vers la surface est accompagné d'une diffusion dans la direction d'inversion, atomes d'or vers l'interface de Cu/Si. Aussi paradoxal qu'elle peut apparaître, la réaction est moins prononcée quand le cuivre est en contact direct avec du silicium, en ce qui concerne le cas où la barrière de diffusion d'or est interposée. En effet après recuit à 200°C, la réaction est totale dans l'échantillon de Cu/Au/Si alors que des couches pures de cuivre et d'or ne sont pas entièrement consommées par la réaction dans l'échantillon Au/Cu/Si.

La présence des atomes de cuivre dans le substrat de silicium, pour les deux structures, n'est pas étonnant vu que parmi les métaux de transition, le cuivre est le diffusant le plus rapide dans le silicium monocristallin. Aucune trace d'or, dans les limites de détection de la technique RBS, n'a été détectée dans le substrat de silicium montrant sa faible solubilité dans la matrice de silicium.

Ainsi, on peut dire à partir de la morphologie de la surface de l'échantillon de référence Cu/Au/Si à comparer avec celui de l'échantillon d'Au/Cu/Si, que la rugosité en surface est assignée à la présence élevée de l'or dans la couche de cuivre. Pour les deux systèmes, on peut indiquer qu'un recuit de 200°C est insuffisant pour empêcher l'interdiffusion atomique à travers les barrières de diffusion d'or et de cuivre de 900 et 700 Å d'épaisseurs respectivement

IV-5 Conclusion :

Après un recuit de 200°C, dans le système Cu/Au/Si, le silicium et l'or se déplacent vers la surface, menant à une croissance des siliciures de cuivre polycristallins de Cu_3Si et de Cu_4Si. L'analyse de RBS a prouvé que les phases de cuivre sont mélangées dans la couche de croissance à une composition uniforme
détaillée. La couche déposée d'or s'est dissoute complètement pendant la réaction entre le Cu et le silicium, montrant la solubilité élevée des atomes d'or dans les composés de siliciure de cuivre. D'autre part, dans le cas du système Au/Cu/Si, on n'enregistre aucune diffusion uniforme du silicium dans des couches de cuivre et d'or. Bien qu'une petite quantité de cuivre soit trouvée dans la couche d'or, de quelque manière que la proportion d'or est détectée dans la couche de cuivre, dans la limite de détection de la technique de RBS. Cette faible interdiffusion mène à une réaction partielle seulement à la formation de Cu_3Si, avec un peu de dissolution en atomes d'or. D'autre part, à la température 400°C, les couches en métal elles-mêmes sont considérablement interpénétrées avec la formation d'un mélange d'Au-Cu-Si, non uniforme.

Il est difficile de dire lequel de ces trois éléments a diffusé en premier, pour former l'alliage $Cu_3Si(Au)$, cependant on peut conclure sans aucun doute que la barrière d'environ 900 Å d'or n'a pas pu prévenir l'interdiffusion des atomes de cuivre et de silicium, à une température aussi basse que 200 °C.A. Hiraki et al [75] a rapporté la grande migration des atomes de silicium dans l'or à une température aussi basse que 150 °C, ce qui explique la présence de grande quantité d'atomes d'or à la surface de l'échantillon. On note aussi une plus grande présence des atomes d'or en surface dans la couche de cuivre que dans le substrat de silicium. Ceci laisse suggérer que l'or a diffusé dans la couche de cuivre plus rapidement que dans le volume du substrat de silicium. En effet il est connu que le cuivre et l'or sont des atomes qui s'interpénètrent fortement même à travers des couches barrières de nickel et de palladium.

    Cet ensemble d'observations, nous laisse conclure que les atomes de cuivre et de silicium diffusent l'un vers l'autre, probablement via un mécanisme par les joints de grains, dans la couche poly cristalline d'or et des défauts des limites inter faciales Cu/Au et Au/Si, pour réagir et former des siliciures riches en cuivre.

V-Etude de la diffusion en surface des multicouches de Pd/Au sur du silicium monocristallin

V-1 Introduction

L'évolution vers une plus grande miniaturisation de la technologie des circuits a révélé aux chercheurs un intérêt scientifique considérable pour le développement d'un nouveau concept de métallisation des dispositifs de circuits parce qu'ils présente maintenant des possibilités de limiter des facteurs pour les dispositifs nécessitants une fiabilité élevée et une tendance vers une plus grande intégration [76,77]. A cet effet, M. Ozawa et Al [78], ont constaté que la faible résistance spécifique de contact Au/Pd sur p-ZnTe qui est de 4.8×10^{-6} Ω cm^2 est assez basse pour des applications de dispositif particulièrement en tant que contacts ohmiques. En outre Pd/Au sur P-GaAsSb présente une faible résistance de contact ohmique, légèrement plus grande que 10^{-6} Ω cm^2 [79]. Dans ce dernier cas, la couche de palladium, qui a une disparité de mailles de 4,9% en ce qui concerne l'Au, a été choisi pour la métallisation en profondeur parce qu'il réagit avec du silicium et menant ainsi facilement à la formation du siliciure Pd$_2$Si [80]. Ce siliciure est souvent employé pour la conception des détecteurs à barrière de Schottky à infrarouge de grande longueur d'onde, (LWIR) [81] et comme contact ohmique au silicium fortement dopé [82]. D'autre part, les multicouches Au/Pd et Pd/Au sont souvent employées comme couche de graine pour la croissance épitaxiale des couches minces magnétiques sur le cristal simple de silicium, afin de diminuer la disparité de mailles entre la couche déposée et le substrat de silicium. Particulièrement ces dernières années, les films de Pd-Au ont révélé un vrai potentiel dans les applications de carburant-cellule [83] et un intérêt particulier pour le champ de l'électrocatalyseur en raison de leurs activités catalytiques dans les réactions d'oxydation de méthanol et du monoxyde de carbone [84,85].

Le présent travail consiste à étudier la microstructure des bicouches déposées de Pd/Au sur du silicium monocristallin et à étudier également l'interdiffusion et les réactions interfaciales entre une couche mince de palladium et un substrat de silicium à travers une couche mince d'Or, en fonction de la température de recuit. L'effet de l'orientation du substrat sur la croissance et la formation de siliciures de palladium est également exploré.

V-2 Procédures expérimentales :

Encore une fois, lors de l'élaboration des échantillons, on a pris quelques précautions et plus particulièrement avant l'étape de dépôt. Des substrats de silicium, ayant les mêmes caractéristiques que celles utilisées précédemment, ont subit un décapage classique dans des bains successifs, selon la procédure déjà mentionnée. Afin d'obtenir deux systèmes ternaires différents, le palladium et l'or d'une grande pureté 99.9999 % ont été déposé successivement, sans casser le vide (5×10^{-6} torr) régnant à l'intérieur de l'enceinte au moment du dépôt sur du silicium mono cristallin d'orientation (111) et (100) .Les épaisseurs des dépôts étaient supposées respectivement de ~ 10 nm. Les systèmes ternaires obtenus ont été recuit dans un four tubulaire sous vide pendant 30 minutes dans la plage de température comprise entre 100 à 650°C par pas de 100 °C.

L'analyse qualitative et quantitative a été effectuée par plusieurs techniques de caractérisation à savoir : La spectroscopie de rétrodiffusion de Rutherford (RBS) en mode random et canalisé, la diffraction de rayons X (DRX) et la microscopie à balayage (MEB).

V-3 Etude des systèmes Pd/Au/Si(100) et Pd/Au/Si(111)
V-3-1 Choix des conditions expérimentaux en RBS :

D'après les concepts de la technique RBS, la résolution augmente avec l'angle θ de détection, on aura donc tout intérêt à se placer à θ aussi grand que possible, cas idéal 180 ° (risque d'obturation du faisceau incident). On pratique on se place à des angles limites et aussi proches que possible de 180°, dans notre cas θ = 165 °, vu les dimensions du détecteur utilisé.

Le choix de la charge cible est imposé par plusieurs considérations. D'une part , l'ion servant à l'analyse , doit être suffisamment massif pour ne pas avoir à considérer que les collisions élastiques sur les électrons de la cible. Et d'autre part, il ne doit pas être assez léger pour pouvoir être rétrodiffusé sur les noyaux de la cible et ne pas la détruire .Ces deux conditions nous ont ramené à choisir les ions chargées $_4He^+$, car ils présentent un compromis acceptable. Le choix de la gamme d'énergie résulte elle aussi d'un compromis l'énergie de l'ion incident doit être aussi élevée que possible pour assurer une bonne résolution , mais doit rester suffisamment faible pour pouvoir considérer que l' interaction coulombienne pure. La figure V.1 montre deux spectres expérimentaux RBS pour un même échantillon avec les mêmes conditions expérimentales excepté l'énergie du faisceau incident. On note la nette différence en résolution et la bonne séparation entre les deux pics de palladium et d'Or à l'énergie 2 MeV, on est tenté d'utiliser des énergies plus élevées mais on risque d'avoir d'autres phénomènes autres que la rétrodiffusion coulombienne.

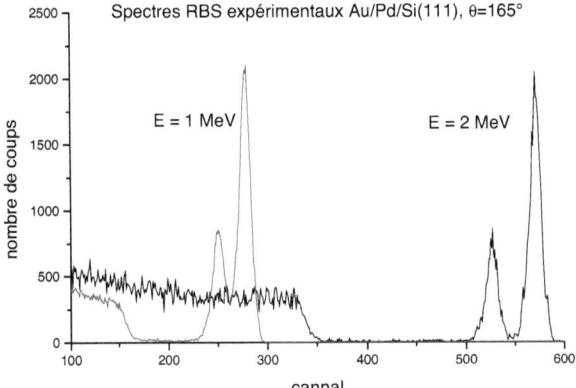

Fig. V.1 : Spectres expérimentaux de rétrodiffusion alpha d'énergie 1 MeV et 2 MeV d'un échantillon Pd/Au/Si(111).

V-3-2 Echantillon non recuit (référence)

L'analyse des échantillons de référence par la spectrométrie de rétrodiffusion coulombienne a été utilisée pour analyser les échantillons des deux systèmes Pd/Au/Si(100) et Pd/Au/Si(111). Les spectres RBS enregistrés sur ces systèmes présentent des allures identiques comme s'est illustré par la figure V.2. La légère différence sur les hauteurs des pics est du aux temps d'acquisitions.

Ces spectres énergétiques se composent de trois parties bien distinctes : Le pic vers les hautes énergies correspond à la couche d'Or, un plateau de silicium vu l'épaisseur du substrat (525 µm) et au milieu un pic relatif à la couche de palladium. Paradoxalement, malgré que la couche d'Or se trouve en sandwich entre le substrat de silicium et la couche de palladium, elle apparaît en premier. Ceci s'explique par le fait que le facteur cinématique de Au est plus grand que celui du Pd , voir tableau :

Elément	Masse atomique uma	Numéro atomique Z	Facteur cinématique K ($\theta=165°,_4He^+$)
Pd	106.5	46	0.8620
Au	197	79	0.9230
Si	28	14	0.5680

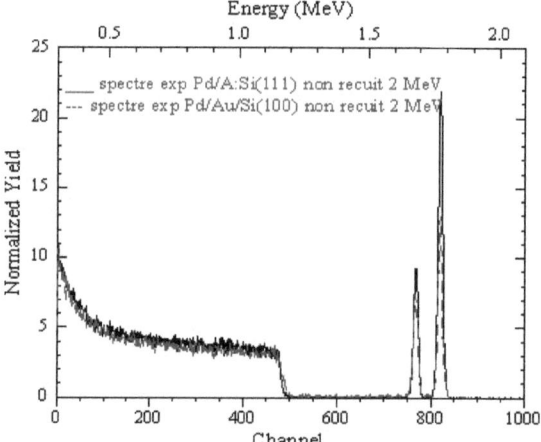

Fig. V.2 : spectres RBS expérimentaux des échantillons Pd/Au/Si(111) et Pd/Au/Si(100) non recuit.

L'aspect abrupt des deux interfaces Pd/Au et Au/Si, du coté des faibles énergies, montre qu'aucune réaction ou interdiffusion n'a eu lieu entre ces deux éléments et le Silicium pendant l'évaporation des deux couches

La simulation de ces spectres expérimentaux est effectuée par le logiciel RUMP. Ce logiciel de simulation exige l'introduction de quelques paramètres expérimentaux de l'expérience RBS dans son fichier actif pour pouvoir estimer les épaisseurs à savoir : Energie du faisceaux incident E (MeV), Angle de détection θ, type de la charge incidente utilisée, les canaux respectives avec précision des éléments en surface pour la calibration de la chaîne et détermination des constantes de conversion canal en énergie et angle solide Ω. La simulation de ces spectres nous a permis de déterminer les épaisseurs des couches déposées de Palladium et d'Or qui sont de l'ordre de 90 Å et 80 Å respectivement (fig. V.3).

Les diffractogrammes correspondants aux analyses par DRX des échantillons sans recuit aux deux système Pd/Au/Si(100) et Pd/Au/Si(111) sont représentés par les figures respectives fig. V.4 et fig. V.5 En première constatation le diffractogramme correspondant au système Pd/Au/Si(100) ne fait apparaître que les pics Au(100), celui du palladium n'apparaît pas. Par contre le deuxième correspondant au système Pd/Au/Si(111) n'exhibe que les pics Au(111) et Pd(111) et bien entendu Si(111). Aucune présence des pics satellites de palladium et de l'or n'est signalée. Comme deuxième constatation, pour ce système les largeurs des raies de palladium et d'or indiquent une croissance aléatoire des couches au moment du dépôt. Cette amorphisation est probablement du à la vitesse de dépôt (0.7 nm/s)

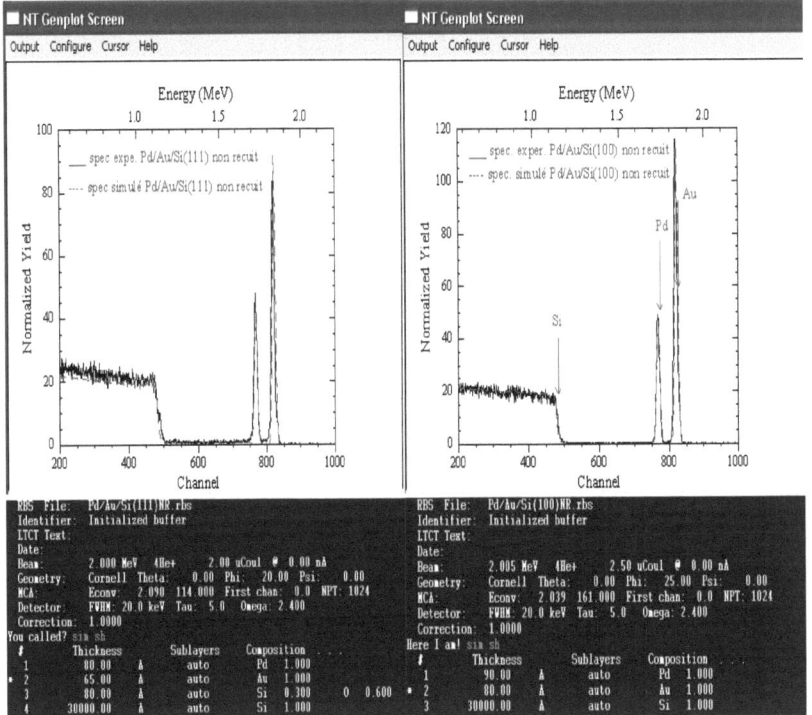

Fig. V.3 : spectres RBS expérimentaux et simulés des échantillons non recuit : (a) Pd/Au/Si(111) et (b) Pd/Au/Si(100)

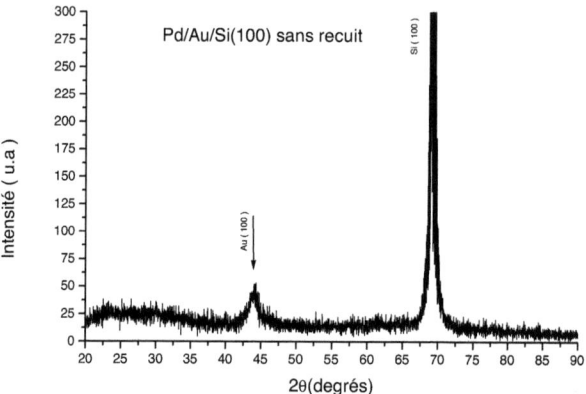

Fig. V.4 : Diffractogramme DRX de l'échantillon Pd/Au/Si(100) non recuit.

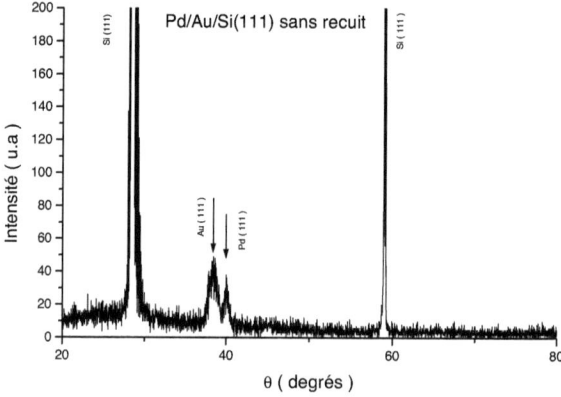

Fig. V.5 : Diffractogramme DRX de l'échantillon Pd/Au/Si(111) non recuit.

La micrographie MEB de ces deux échantillons, figure V.13 et figure V.14, montre une surface d'une nuance grise et uniforme avec une concentration déterminée par la microanalyse EDX, de 63.2%at.Pd et 36.2at.Au respectivement (analyse globale). La composition extérieure est déterminée par l'analyseur dispersif d'énergie de rayons X intégré au microscope électronique. L'énergie primaire du faisceau d'électrons est réduite à 6 KeV pour analyser que les premiers 200 Å de la surface, vu les épaisseurs des couches de palladium et d'Or. On a souhaité de réduire l'énergie primaire du faisceau d'électrons à 4 KeV, mais pour des raisons techniques on a été limité à 6 KeV.

Les spectres de l'analyse ponctuelle (EDX) de PdAu/Si(111) et Pd/Au/Si(100) sont insérées respectivement dans les fig V.10 et fig V.11.

V-3-3 Echantillon recuit à 200 °C pendant 30 min :

L'absence des lignes de réflexion de Pd dans les diffractogrammes du système Pd/Au/Si(100). A $2\theta=38.19$ °, apparition d'une raie correspondante à la phase Pd_2Si qui commence à croître. Ceci illustre une transformation complète de la couche de Pd en Pd_2Si. Cette remarque est en accord avec la simulation du spectre énergétique à 200 °C (fig. V.6 (b)) où le Pd n'apparaît point dans la composition de la première couche du spectre simulé. La composition de cette première couche est un mélange de Pd et Si avec un rapport de concentration de C_{Pd}/C_{Si}~2, qui justifie la phase Pd_2Si. Par contre pour le système Pd/Au/Si(111), on note aucune modification significative du diffractogramme correspondant par rapport à celui des échantillons non recuit. Juste les raies Au(111) et Pd(111) sont plus développées en hauteur, cela est du probablement à une épitaxie sur du Si(111) qui commence à s'initiée. La composition du spectre énergétique simulé correspondant à se système recuit à 200 °C (fig. V.6 (a)), ne fait pas apparaître la phase Pd_2Si, au contraire la couche de surface reste toujours composée de Pd pur. On peut déjà avancer que la formation de Pd_2Si apparaît plus rapidement dans le dépôt sur du Si(100) que sur le Si(111). Ces résultats sont en accord avec les observations par MEB. La fig. V.13 correspondant au système Pd/Au/Si(111) présente la même morphologie de surface des échantillons recuit à 200°C et non recuit. Par contre pour le Pd/Au/Si(100), comme s'est illustré sur la fig. V.14, la morphologie de surface de l'échantillon recuit à 200 °C, présente de petites taches blanches qui correspondent sur ment a un début de formation de la phase Pd_2Si.

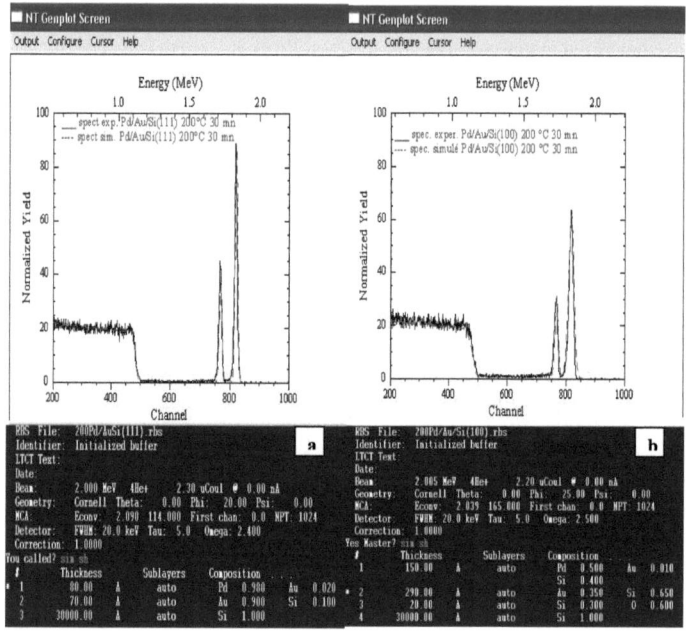

Fig. V.6 : Spectres RBS expérimentaux et simulés des échantillons recuit à 200 °C 30 min : (a) Pd/Au/Si(111) (b) Pd/Au/Si(100)

V-3-4 Echantillons recuit à 400 °C et au-delà pendant 30 min.

Pour des températures de recuit au delà de 350 °C, les trois éléments ont fortement interdiffusé fig V.7 et fig V.8. La simulation des spectres énergétiques, par le logiciel RUMP, indique que la couche résultante de cette interdiffusion est un mélange de Pd-Au-Si. Le profil du silicium prouve qu'une quantité de silicium relativement importante a diffusé vers la surface d'Au, Fig V.9.
On enregistre également que toute la couche de palladium a été consommée par sa réaction avec le silicium, ce qui a donné naissance à la formation de la phase à base de siliciure de palladium.

Les analyses par diffraction X pour le système Pd/Au/Si(111), mettent en évidence que les pics correspondants à Au(111) et Pd(111), fig V.10. Au delà de cette température, l'émergence d'autres pics correspondants aux siliciures Pd_2Si et PdSi.

100

Par contre pour le système Pd/Au/Si(100), fig. V.11 , la couche de palladium est amorphe, ce n'est qu'à partir d'un recuit de 200 °C, que le Palladium

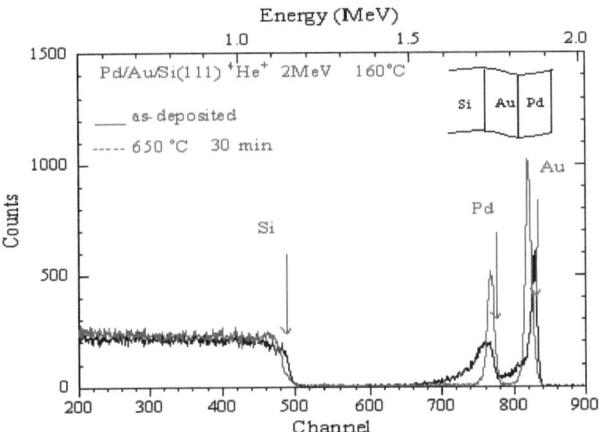

Fig. V.7 : Spectres expérimentaux RBS des échantillons Pd/Au/Si(100): (——) non recuit et (---)recuit à 650°C.

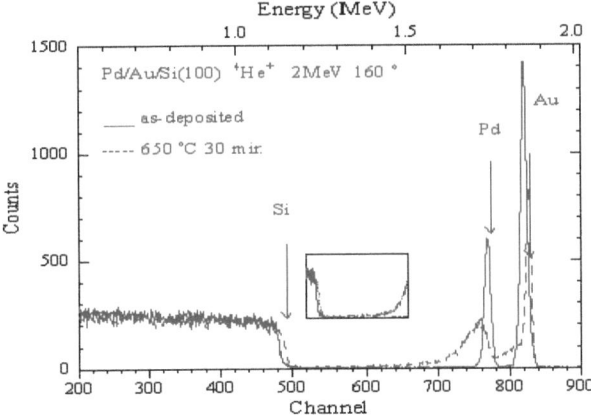

Fig. V.8 : Spectres expérimentaux RBS des échantillons Pd/Au/Si(100):

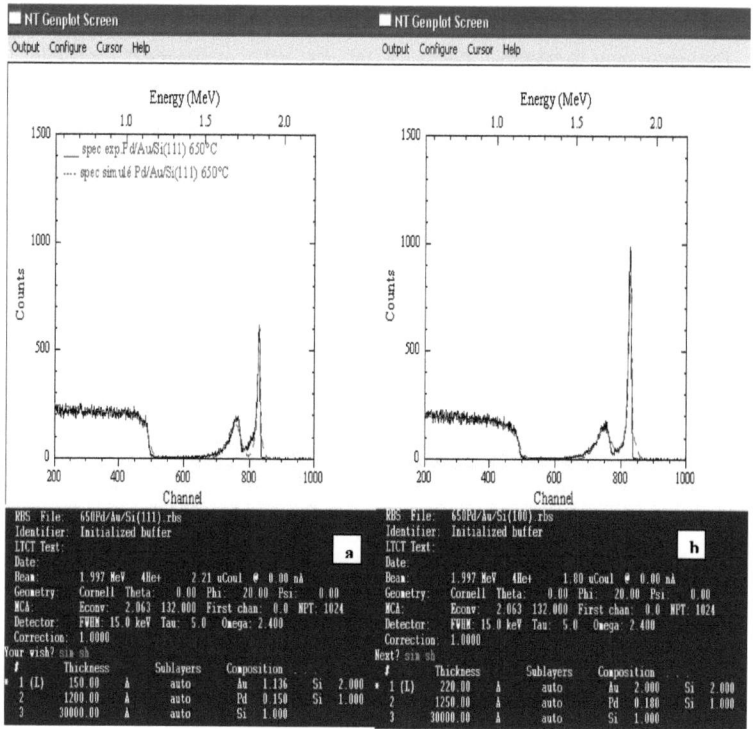

Fig. V.9 : Spectres RBS expérimentaux et simulés des échantillons recuit à 650°C :
(a) Pd/Au/Si(111) et (b)) Pd/Au/Si(100)

(——) non recuit et (---) recuit à 650°C

commence à suivre une orientation épit axiale selon la direction (200) sur la couche intermédiaire de Au. Au fur et mesure qu'on augmente la température, l'interdiffusion entre les différents éléments donne naissance à la phase de Pd_2Si où la couche de palladium a entièrement disparu.

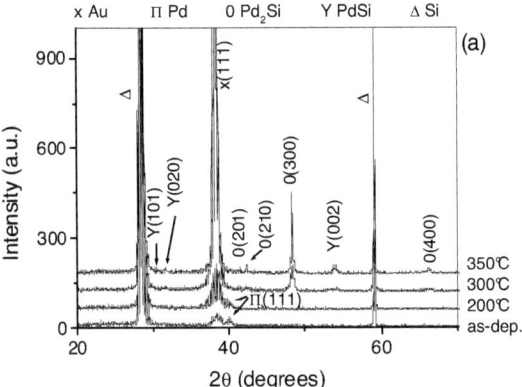

Fig. V.10 : Diffractogrammes DRX des échantillons Pd/Au/Si(111) en fonction de la température de recuit

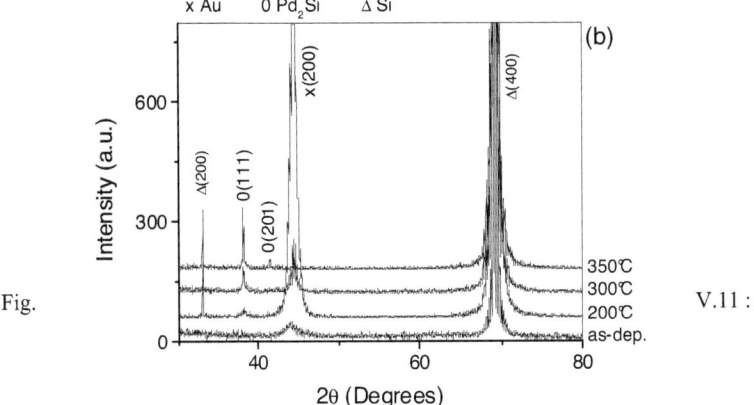

Fig. V.11 : Diffractogrammes DRX des échantillons Pd/Au/Si(100) en fonction de la température de recuit

Les observations par microscopie électronique MEB, pour les températures plus grandes que 400 °C, on assiste à une transformation de la morphologie de surface des échantillons qui étaient grises et uniforme en une surface non uniforme, parsemée par des formes triangulaires équilatéraux tous orientées le long de la même direction, de 1.5 µm de coté et des formes hexagonales réguliers. Au delà de 400°C, environ à 600 °C, on note l'élargissement des triangles équilatéraux incrustées intérieurement de petites cristallites comme s'est illustré sur la fig V.13. Mais sur le système Pd/Au/Si(100), nous notons seulement des taches de forme hexagonales réguliers.

On a utilisé la technique RBS en mode canalisé pour confirmer l'effet de la température sur la cristallinité des atomes Au de la couche déposée. Après avoir aligné l'échantillon de silicium monocristallin d'orientation (111) ou (100) par rapport au faisceau incident, la figure V.12 représente un spectres RBS en mode canalisé d'un échantillon de Silicium implanté à Ar^+. Dans cette position alignée, on a effectué un balayage angulaire autour de l'axe présumé (111) ou (100) selon le substrat de
± 1 degrés qui correspond au déplacement 200 pas du goniomètre qui porte l'échantillon à analyser. En limitant la fenêtre de 50 canaux juste derrière le pic de surface du silicium, on obtient le puit de silicium, comme on le constate. En effet, l'enregistrement du rendement de rétrodiffusion en fonction de l'angle d'incidence des ions avec la cible donne des courbes sous forme de puits, traduisant ainsi l'aspect cristallin de la couche analysée. La valeur de l'angle critique expérimental, que l'on désigne généralement par $\Psi_{1/2}$, est mesurée par la demi-largeur à mi hauteur de cette distribution angulaire. Lorsque les ions arrivent parallèlement à l'axe considéré, le rendement passe par une valeur minimum, qu'on désigne généralement par χ_{min} mais on constate qu'il atteint un maximum de part et d'autre du canal avant de retomber à la valeur correspondant au matériau amorphe où le rendement de rétrodiffusion est constant. Pour suivre l'évolution des puits relatifs à Au en fonction de la température de recuit, en maintenant à la même position l'échantillon par rapport au faisceau incident, on fixe la fenêtre sur le pic de Au. Les fig V.15 et fig V.16 montrent clairement l'évolution des puits relatifs au canal de la structure Au sur Si(111) et Si(100). Pour les deux systèmes, la distribution linéaire pour les échantillons non recuit, reflète une distribution aléatoire des atomes de Au au moment du dépôt. Au fur et à mesure que la température de recuit augmente, les puits deviennent de plus en plus rétrécis et profond. Ceci s'explique par le fait que la température de recuit améliore la cristallinité des atomes d'Or.

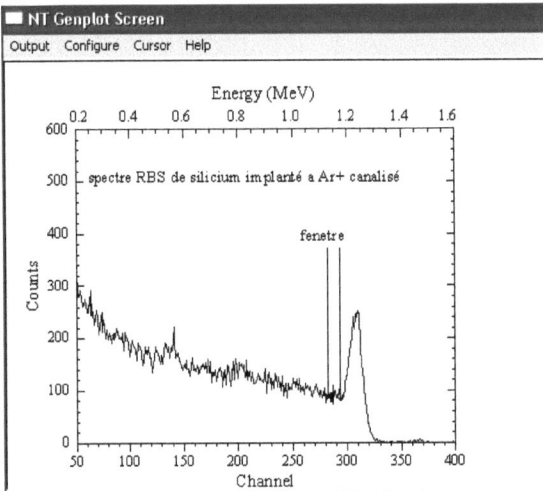

Fig. V. 12 : Spectre RBS canalisé d'un échantillon de Si implanté à Ar$^+$

Pd/Au/Si(111) Sans recuit

Pd/Au/Si(111) recuit à 200 °C 30 min

Pd/Au/Si(111) recuit à 300 °C 30 min

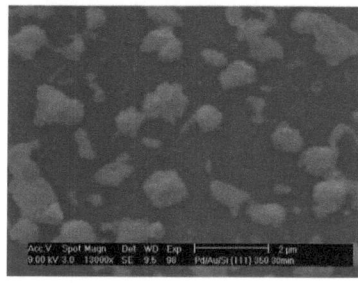
Pd/Au/Si(111) recuit à 350 °C 30 min

Pd/Au/Si(111) recuit à 650 °C 30 mi

Pd/Au/Si(111) recuit à 550 °C 30 min

Fig V.13 : Evolution de la Morphologie en surface de Pd/Au/Si(111) en fonction de la température de recuit.

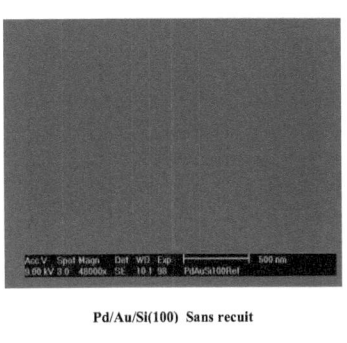
Pd/Au/Si(100) Sans recuit

Pd/Au/Si(100) recuit à 200 °C 30 min

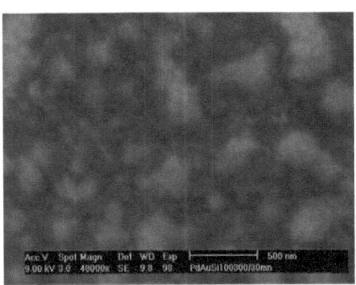
d/Au/Si(100) recuit à 300 °C 30 min

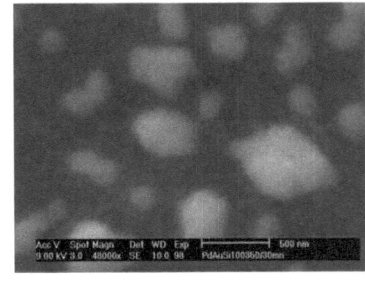
Pd/Au/Si(100) recuit à 350 °C 30 min

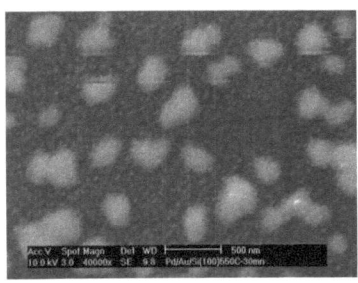
Pd/Au/Si(100) recuit à 550 °C 30 min

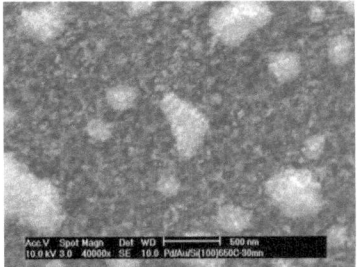
Pd/Au/Si(100) recuit à 650 °C 30 min

Fig V.14 : Evolution de la Morphologie en surface de Pd/Au/Si(100) en fonction de la température de recuit.

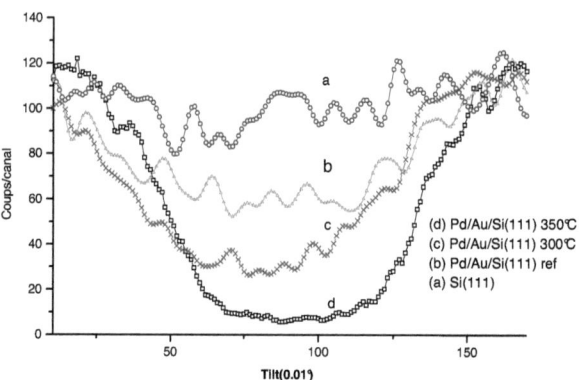

Fig. V.15 : Puits de canalisation de Au en fonction de la température de recuit des échantillons du système Pd/Au/Si(111)

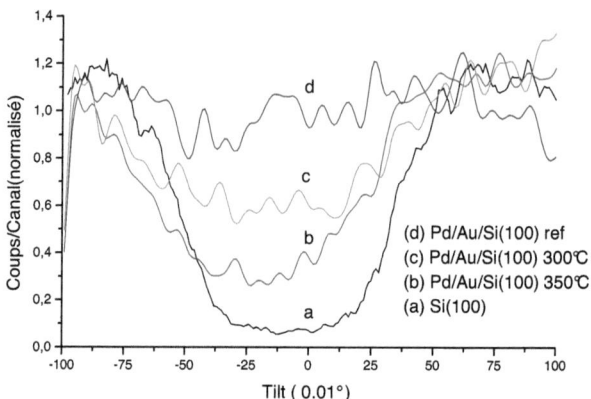

Fig. V.16: Puits de canalisation de Au en fonction de la température de recuit des échantillons du système Pd/Au/Si(100)

V-4 Discussion générale :

Les figures V.10 et V.11, correspondant aux échantillons Pd/Au/Si(111) et Pd/Au/Si(100) , illustrent l'évolution des raies de diffraction X de ces échantillons en fonction de la température de recuit. Comme le montre la figure V.10, pour les échantillons non recuit du système Pd/Au/Si(111) , les raies de Pd et d'Au sont larges , indiquent que leur croissance lors du dépôt s'est effectuée d'une manière aléatoire. Cette amorphisation initiale est due probablement à la vitesse de dépôt qui était assez élevée (~ 7 Å / s). Cependant à la température de recuit de 200 °C, la couche d'Or commence à se cristalliser et constitue la barrière de diffusion prétendue entre la couche de palladium et le substrat de silicium.

Le dépôt sur le substrat Si(100), le balayage DRX de Pd/Au exhibe trois crêtes de diffraction assignées aux lignes de réflexion Si(h00) et Au(200) , fig. V.11. Egalement, on note l'évolution de la raie d'or dans ce système en fonction de la température de recuit, elle augmente au fur et à mesure que la température augmente. Par conséquent, nous pouvons affirmer que ce traitement thermique améliore la cristallinité et plus particulièrement de la couche d'Or déposée sur le substrat de silicium. La ligne de réflexion d'or devienne fortement texturisée le long de Au(200) sur Si(100) et Au(111) sur Si(111) sans la croissance d'autres raies d'Or, ceci prouve que la couche de Au est épitaxiée sur les substrats de silicium, en accord avec les résultats apportés par Chi-An-Chang [86].

Ce résultat est confirmé par l'analyse RBS en mode canalisé. La technique de canalisation a été possible pour ces échantillons, en raison de la très faible épaisseur de dépôt du Pd et Au , comme le montrent clairement les fig. V.15 et fig. V.16 . En effet l'évolution des puits de canalisation de Au en fonction de la température de recuit confirme que le recuit améliore la cristallinité des atomes d'Or. La distribution linéaire pour les échantillons non recuit, reflète une distribution aléatoire des atomes de Au au moment du dépôt. Au fur et à mesure que la température de recuit augmente, les puits deviennent de plus en plus rétrécis et profond.

Il est rapporté que tous les métaux de structure CFC, tels que le palladium et l'Or, ont une préférence naturelle pour l'orientation (111) pendant leur croissance, tandis les métaux de structure CC, tels que le Fe et le Cr, ont une texturation élevée selon la direction (110), en raison du faible nombre de liaison entre les atomes voisins dans ces plans [87].

En effet, lors de l'évaporation, deux cubes de Au s'imbriquent le long de la ligne diagonale de la structure diamant du silicium avec une disparité de 5.1 %. On note l'absence de lignes de réflexion de palladium, pour les échantillons de référence (sans recuit) du système Pd/Au/Si(100), est certainement due à la limite de résolution de détection du diffractomètre où l'épaisseur de la couche déposée est très faible . L'apparition d'une nouvelle raie à 2θ = 38.19 ° à partir de 200 °C , correspond au siliciure Pd_2Si, ceci illustre la transformation complète de la couche déposée de palladium en siliciure Pd_2Si. Contrairement pour Au , en augmentant la température , l'intensité de la raie d'Au commence à diminuer à 300]C pour presque disparaître à 350 °C.

Considérant maintenant le système Pd/Au/Si(111) , fig V.10 , on observe qu'à partir de 350 °C , l'émergence de nouveaux pics , où les deux siliciures Pd_2Si et PdSi cohabitent. Le retard sur la formation des phases et la persistance de la couche d'Au comme barrière de diffusion jusqu'à 350 °C, prouve que la réaction est plus rapide pour le système Si(100) que Si(111). Cette dépendance a été également rapportée par Chin- An – Chang (88). En effet, il est plus facile de briser les liens Si-Si sur Si(100) qui nécessite la cassure de deux liens seulement pour libérer le Si , que sur le Si(111) , qui nécessite la cassure de trois liens.

La croissance du siliciure Pd_2Si sur le Si(100) , comme première croissance et formation de phase, est en bon accord avec les principes de la thermodynamique parce qu'elle présente la plus grande formation de chaleur (43 KJ/mol.at) parmi les autres types de siliciures de palladium [89] ,on note également que le seuil de formation de Pd_2Si est à partir de 200 °C et restera stable jusqu'à 800 °C [90].

Au delà de 800 °C , le Pd_2Si est complètement transformé en mono siliciure PdSi. L'apparition du mono siliciure PdSi seulement à la température de 350 °C sur Si(111) est probablement du à l'effet de la présence de la couche d'Au comme barrière.

Comme on le sait , la technique RBS en mode random , mesure la distribution en profondeur des couches minces déposées sur le substrat , à savoir Pd et Au , la figure V.2 illustre les spectres énergétiques RBS des échantillons non recuit relatifs aux deux systèmes. Les éléments Pd et Au sont présentés par des pics très minces vu les épaisseurs des dépôts, ces pics sont bien distincts et présentent des allures brusques aux interfaces Pd/Au et Au/Si , indiquant aucune diffusion est initiée au moment de l'évaporation entre les trois éléments Pd , Au et Si.

Après traitement thermique à des températures au delà de 600 °C, pour les deux cas d'orientation du substrat , d'une part le canal de surface de Au , se déplace vers les hautes énergies et cela s'explique par le fait d'une grande diffusion d'atomes d'Au est initiée à travers la couche de palladium vers la surface de l'échantillon, le faible déplacement du pic Au est du à la faible épaisseur de la couche du palladium qui conduit à une faible perte d'énergie . Selon les concepts de la RBS, la hauteur du signal est proportionnelle à la concentration de l'élément correspondant à la couche analysée.

D'après les figures V.15 et V.16, on peut déjà se prononcer qualitativement que la réaction est déjà initiée pour les deux systèmes, les trois éléments Pd, Au et Si ont interdiffusée fortement, diffusion d'atomes de palladium en profondeur et les atomes du silicium en surface. On peut avancer que qualitativement la réaction est plus prononcée sur Si(100) que sur Si(111).

La simulation de ces spectres par RUMP, indique que la formation et croissance des couches résultants est un mélange de Pd-Au-Si. Dans les deux cas (111) et (100) on note la présence d'une couche en surface de 125 Å d'épaisseur qui est très riche en atomes d'Au et de Si avec un rapport de concentration C_{Pd}/C_{Si} de 0.21 sur Si (111) et de 0.12 sur Si(100). Ces deux petits rapports comparés au rapport stœchiométrique du siliciure Pd_2Si est égale à 2 est mis en évidence par la diffraction à rayons X, comme l'indique la figure V.12 signifie que les surfaces extérieures aux cristallites sont décapées (sans Pd et Au). Ce résultat est en bon accord avec les observations MEB.

Progressivement qu'on pénètre en profondeur dans la direction du substrat, on note une augmentation logique de la concentration en silicium et particulièrement un appauvrissement en atomes d'Au. De la même manière, on note que les atomes de palladium pénètrent dans la matrice de silicium sur une épaisseur approximativement de 1200 Å, ce qui explique les queues deviennent plus larges à la limite inférieure du pic de Pd. On remarque aussi, aucune trace d'atomes d'Au, à la limite de détection de la technique, n'est détectée. On peut expliquer cela par la basse solubilité d'Au dans le silicium.

Les spectres RBS confirment qu'une grande partie de Au est transformée en siliciure, vu qu'il n'a été détectée ni sous la forme pur, ni sous la forme de composé de Pd-Au. L'augmentation de la concentration du silicium enregistrée, suggère que la croissance des siliciures de palladium a eu lieu par nucléation et que la surface des échantillons n'est pas restée planaire. Cette observation sera bien corrolée ensuite par l'analyse au microscope MEB.

Le diagramme de phase binaire Au-Pd montre la solubilité complète à l'exception de certaines phases telles que Au_3Pd et $AuPd_3$. Il s'avère que la formation de siliciure de palladium est énergiquement plus favorable que celle des composés bimétalliques de Pd-Au comme dans le cas du ternaire Cu-Au-Si [91]. L'excès de silicium détecté par RBS, après recuit, est principalement du à la morphologie hétérogène de la surface de l'échantillon, car le rayon de l'impact du faisceau incident alpha est supérieur aux dimensions des cristallites de Pd-Si, d'où l'apport du silicium pur qui entoure les cristallites.

La micrographie MEB des échantillons Pd/Au /Si(00) et Si(111) en surface présente une surface uniforme grise avec une concentration en Pd et Au respectivement de 63.2% et 36.2%, déterminée par la microanalyse EDX. Où aucun changement apparent n'a été observé jusu 'à la température de recuit de 300 °C.

A partir de cette température, on observe de grandes plages claires nanométriques, qui apparaissent suite à une légère diffusion d'atomes de Si et de Au en surface, fig. V.17 et fig. V.1. A cette température, ce mélange atomique formé n'est pas encore suffisant pour former le siliciure. Tout en augmentant la température de quelques degrés, de 50 ° C, la morphologie extérieure de Pd/Au/Si a changé considérablement. La grande taille des gouttelettes formées sur la surface de palladium (environ 0.4-1 µm de diamètre), correspond aux siliciures de palladium entouré par le substrat de silicium légèrement diffusé par les atomes d'Au et de palladium.

Ce changement brusque de la morphologie extérieure, coïncide avec le seuil de température de la formation du siliciure de palladium enregistrée dans le modèle correspondant de XRD des figs V.1 a,b,c . On a déjà observé cette hétérogénéité de la surface après le recuit thermique du système Cu/Au/Si [91]. Pour une température de recuit plus élevée que 650°C, deux formes de siliciure de palladium ont été détectées sur la surface comme c'est illustre par la fig.V.13. Ainsi, on distingue la croissance de grains de taille (environ 0,3-1 µm) aléatoirement orientés et la grande forme triangulaire équilatéral de 5 µm latéral, dont à l'intérieur croît de très petites cristallites, séparée par de grands secteurs de substrat dénudé. Même si la réaction est plus tôt sur Si(100) comparé à Si(111), toutefois la morphologie extérieure moins est développée. En effet, au fur et à mesure que la température de recuit augmente, le siliciure formé a beaucoup de difficultés à fusionner sous la forme de cristallites. Par exemple à 600°C, on note seulement la formation de petites taches blanches nanométriques avec aucune forme particulière [fig. V.14]. Ces résultats sont en accord avec ceux obtenus par H. Ishiwara et Al [92], selon lequel le siliciure de Pd_2Si peut se développer épitaxialement seulement sur Si(111) avec une disparité de 2,4%, parce que ce siliciure se cristallise en structure de hexagonal/pseudo hexagonal.

V.5 Conclusion :

En résumé, nous avons étudié l'effet de la couche intercalaire d'Au sur le processus de formation de siliciure de palladium. Les couches évaporées d'or sont épitaxiées avec le substrat du silicium monocristallin, selon les rapports cristallographiques entre Au(111)//Si(111) et Au(200)//Si(100). Des résultats de cette étude, on peut dire sans aucune hésitation que la couche d'or comme souhaité ne joue pas le rôle de barrière de diffusion et n'empêche pas la diffusion des atomes de palladium même à basse température (200°C). Pour des recuits au delà de 350°C, on a uniquement la formation de Pd_2Si sur Si(100) et la cohabitation des siliciures de Pd_2Si et de PdSi sur Si(111). D'ailleurs, le taux de réaction semble plus rapidement sur Si(100) que sur Si(111). L'augmentation de la température au delà de 650°C mène à la formation de micro-cristallites de forme triangulaire équilatéral sur Si(111), tandis que sur Si(100) on enregistre la formation de nanocrystallites sous aucune forme particulière.

CONCLUSION GENARALE

Dans le cadre de ce travail, nous avons élaboré des structures Cu/Au/Si, Au/Cu/Si et Pd/Au/Si en multicouches par évaporation et sous un même vide pour éviter les effets néfastes de l'Oxygène. Ces dépôts ont été effectués sur des substrats de silicium monocristallin d'orientation (111) et (100). Les échantillons ainsi obtenus ont ensuite subit des recuits thermiques isochrones. La caractérisation de ces échantillons a été effectué par différentes techniques d'analyse disponibles au CRNA d'Alger, telles que la rétrodifusion coulombienne de Rutherford (RBS), la Diffraction des Rayons X (DRX), la Microscopie Electronique à Balayage (MEB) et la Dispersion en Energie des rayons X qui lui est associée.

L' étude du système Cu/Au sur du Si(100) et après recuit thermique à 200 °C, a conduit à une réaction entre le Cuivre et le Silicium en donnant à la formation et la cohabitation de deux phases Cu_3Si et Cu_4Si sous forme d'un mélange Cu-Au-Si à composition variante sur les épaisseurs comparables à celles des couches évaporées.

Les décalages angulaires enregistrés sur les raies des siliciures, laisse suggérer que les atomes de Au se sont dissous dans les siliciures formés conduisant à la dilatation des réseaux cristallins qui leur correspondent. La croissance de ces composés indique la non efficacité de la barrière d'Or comme barrière de diffusion entre le Cu et Si.

L'augmentation de la température de recuit à 400°C, mène seulement à la formation de siliciure de Cu_4Si avec la croissance de cristallites de formes carrées et rectangulaires bien orientés sur Si(100), cela laisse supposer que lors de la réaction, le Cuivre et l'Or ont coalescé (publication 4)

La seconde partie a portée sur une étude comparative entre deux systèmes Cu/Au et Au/Cu sur du Si(111), où seul l'ordre de dépôt est pris en considération.Après un recuit de 200°C, dans le système Cu/Au/Si, le silicium et l'or se déplacent vers la surface, menant à une croissance des siliciures de cuivre polycristallins de Cu_3Si et de Cu_4Si. L'analyse de RBS a prouvé que les phases de cuivre sont mélangées dans la couche de croissance à une composition uniforme. La couche déposée d'or s'est dissoute complètement pendant la réaction entre le Cu et le silicium, montrant la solubilité élevée des atomes d'or dans les composés de siliciure de cuivre. D' autre part, dans le cas du système Au/Cu/Si, on n'enregistre aucune diffusion uniforme du silicium dans des couches de cuivre et d'or. Bien qu'une petite quantité de cuivre soit trouvée dans la couche d'or, mise en évidence par RBS. Cette faible interdiffusion mène à une réaction partielle et a pour conséquence seulement la formation de Cu_3Si, avec une peu de dissolution en atomes d'or. D' autre part, à la température 400°C, les deux couches minces sont considérablement interpénétrées avec la formation d'un mélange d'Au-Cu-Si, non uniforme.

Cependant on peut conclure sans aucun doute que la barrière d'environ 900 Å d'or n'a pas pu prévenir l'interdiffusion des atomes de cuivre et de silicium, à une température aussi basse que 200 °C. Cet ensemble d'observations, nous laisse confirmer que les atomes de cuivre et de silicium diffusent l'un vers l'autre, probablement via un mécanisme par les joints de grains , dans la couche polycristalline d'or et des défauts des limites inter faciales Cu/Au et Au/Si , pour réagir et former des siliciures riches en cuivre (publication 3).

C'est résultats sont en accord avec la littérature , où il est rapporté que le recuit thermique du système binaire Cu/Au conduit à la formation des siliciures Cu_3Si et Cu_4Si, independement de la nature du substrat utilisé (publication 2).

La dernière étude a portée sur le système Pd/Au sur du Si(100) et Si(111) où nous avons étudié l'effet de la couche intercalaire d'Au sur le processus de formation de siliciure de palladium. Les couches évaporées d'or sont épitaxiées avec le substrat du silicium monocristallin, selon les rapports cristallographiques entre Au(111)//Si(111) et Au(200)//Si(100). A partir des résultats de cette étude, on peut dire sans aucune hésitation que la couche d'or comme souhaitée ne joue pas le rôle de barrière de diffusion et n'empêche pas la diffusion des atomes de palladium même à basse température (200°C). Pour des recuits au delà de 350°C, on a uniquement la formation de Pd_2Si sur Si(100) et la cohabitation de deux siliciures Pd_2Si et PdSi sur Si(111). D'ailleurs, le taux de réaction semble plus rapidement sur Si(100) que sur Si(111). L'augmentation de la température au delà de 650°C mène à la formation de micro-cristallites de forme triangulaire équilatéral sur Si(111), tandis que sur Si(100) on enregistre la formation de nanocrystallites sans aucune forme particulière (publication 1).

BIBLIOGRAPHIE

[1] J.Li,T.E. Seidel and J.W.Mayer, Material Research Society Bulletin (MRS) XIX (8), (1994) p.15
[2] S.P. Murarka, "Silicides for VLSI Applications", ed. By Academic Press-London, chap.1 (1983)
[3] S.P. Murarka I.V. Verner Rpnald j. Gitmann, "Copper-Fundamental Mechanisms for Microelectronics Applications", chap.1, (2000)
[4] V.H. Nguyen, H.V. kranenburg and P.H. Woerlee, IWOMS'99, Hanoi (1999)
[5] J.D.Mac Brayer, R.M. Swanson and T.W.Sigmon, J. Electrochem. Soc : Solid State Science and Technology 133 (6) (1986) p.1243
[6] S.P.Murarka I.V Verner Rpnald, j.Gitmann, "Copper-Fundamental Mechanisms for Microelectronics Applications", chap.2 (2000)
[7] Chin-An-Chang, Surface Science 256(1991), p.123-128
[8] E.R. Weber, Appl. Phys. Lett. A 30,(1983) p.1
[9] J.Y. Kim, P.J. Rencroft and D.K. Park, Thin Solid Films 289(1996) p.184-191
[10] N. Benouattas et al, Appl. Surf. Sci. 153, (2000) p.79
[11] B. Bokhonov, M. Korchagin, Journal of Alloys and Compounds 312,(2000)p.72 [12] J.Yukara, K. Morita, Appl. Surf. Sci. 123-124,(1998)p.56-60
[13] Y. Known, C. Lee, Thin Solid Films 380, (2000) p.127-129
[14] J. Han , D. Jeon and Y. Kuk, Surface Sciences 376, (1997) p.237-244
[15] N. Benouattas, thèse de Magister, Institut de Physique , Université de Constantine (1993).
[16] T. Laurila et al. Thin Solid Films 373(2000)p.64-67
[17] P. Castincci et al, Surf. Sci. 482-485,(2001)p.916-921.
[18] L. Soltz, F.M. D'Heurle, Thin Solid Films 189(1990) p.269
[19] J.O. Mc Caldin, H. Sankeur, Appl. Phys. Lett. 20(1972)p.171
[20] O. odak, P. Salamakha and O. Sologub, Journal of Alloys Compounds, 256,(1997)p.1.8-1.9
[21] K. Maeda, Appl. Surf. Sci. 159-160(2000)p.154-160
[22] http:// G:\chapitre XI diagbinaire.htm
[23] Pascal, Tome XX-2, (1913) p. 1860
[24] Findlay A., *The Phase Rule*, 9e edition, revue par Campbell A. N. et Smith N. O., Dover, New York (1951).
[25] Campbell, A. N. et N. O. Smith , The Phase Rule and its Applications, Dover Publ. inc., New York, 1951.
[26] Frye, K., Modern Mineralogy, Prentice-Hall, inc., Englewood Cliffs, New Jersey, p. 974.
[27] Mark Pollard, A. et Carl. Heron, Archaeological Chemistry, The Royal Society of Chemistry, London, England, 1996.

[28] M. Hansen and K. Anderko, "Constition of binary alloys", MC GRAW Hill New York (1958), p.629.
[29] H.Okamoto, D.J Chakrabarti, D.E. Laughlin, and T.B. Massalski, "Phase Diagrams of Ternary Iron Alloys" ed by V. Raghavan, Indian Institute of Metals Calcutta (1992), p.359.
[30] H.Okamoto and T.B Massalski, " Phase Diagrams of ternary Iron Alloys " ed by V. Raghavan, Indian Institute of Materials Calcutta (1992), p.429.
[31] A. Hiraki, M. A. Nicolet and J.W. Mayer, Appl. Phys. Lett.18(1971), p.178
[32] J.O.Mc Caldin, J. Vac. Scie. & technol. 11(1974), p.990
[33]C.Baetzner and N. Lebrun "Phase Diagrams of Ternary I ron Alloys" e d b y V. Raghavan, Indian Institute of Metals Calcutta (1992), p.398.
[34]C.Baetzner and N. Lebrun, "Phase Diagrams of Ternary I ron Alloys" e d b y V. Raghavan, Indian Institute of Metals Calcutta (1992), p.400.
[35] E.R. Weber, Appl. Phys. Lett. A 30, (1983) p.1
[36] R.N.Hall nd J.H. Racette, J.Appl.Phys.35'2),(1964) p.379
[37] A. Istratov, H. Hieslmair, and E.R. Weber, MRS Bulletin, (2000), p.33
[38] http://perso.wanadoo.fr/moichel. Hubin/physique//couche
[39] W.K. Chu, J.W. Mayer et M.A.Nicolet,Academic, Press.Inc 'Backescatring Spectrometry '(1978).
[40] J.F. Zeigler, W.K. Chu and J.S.Y. Appl. Phys. Lett. 27.(1975) p. 387.
[41] Semiconductor Particle detectors Butterword New york 1963
[42] Semiconductor Cambridge University press 1959
[43] Semiconductors counters for Nuclear Radiations 1973
[44] Electronisch, Halbleitere Berlin, Gottingen, Heidelberg.1959
[45] Dollittle, Nucl. Instr. and Meth. B 15 (1986) p. 227.
[46] S.Q. Wang, Material Research Society Bulletin XIX (8), (1994) p.30
[47] M. Hansen andvK. Anderko « Constitution of binary alloy »MC. Graw Hill. New York 1958 p.629
[48] J. Dumont and J.P. Youtz J. Appl. Phys. 11 (1940), p.357
[49] J.D. Mac Bayer, R.M. Swanson T. W. Sigmon , J. Electrochen .Soc. Solid. Science and Technology 133(6)(1986)p.1243.
[50] M.R. Pinel, and J.E.Bennet, Met. Trans.3 (1989),p.1972
[51] J. Li, T.E. Seidel, J.W. Mayer, Material Research Society Bulletin (MRS) XIX (8) (1994) p. 15.
[52] S.P. Murarka, in: Silicides for VLSI Applications, Academic Press, London, 1983 (Chapter 1).
[53] M.-A. Nicolet, S.S. Lau, in: J. Einspruch, G.B. Larrabee (Eds.), VLSI Electronics Microstructure Science, Vol. 6, Academic Press, London, 1983 (Chapter 6).
[54] S.S. Lau, W.F. Van Der Weg, in: J.M. Poate, K.N. Tu, J.W. Mayer (Eds.), Thin Films Interdi.usion and Reac- tions, Princeton, New Jersy, 1978(Chapter 12).
[55] J.O. McCaldin, H. Sankur, Appl. Phys. Lett. 20 (1972) p. 171.

[56] A.S. Bereshnai, In: Silicon and its Binary Systems, Library of congres, Catalog Card n° 60 New York, p 53.
[57] C. An-chang, H.L. Yeh, Appl. Phys. Lett. 49 (19) (1986) p. 1233.
[58] L. Soltz, F.M d'heurle, Thin Solid Films 189(1990)p. 269.
[59] N. Benouattas, " Thèse de Doctorat ", Institut de Physique, Université de Constantine, (2000)
[60] M. Hanbucken and J. J. Métois, P. Matthiez and F. Salvan. Surf Scie, 162, (1985) p.622.
[61] A. N. Aleshin, B. S. Bokstein, V. K. Egorov and P. V. Kurkin. Thin Solid Films 275 (1996)p.145.
[62] J. G. M. Becht, F. J. J. Van Loo and R. Metselaar, React. Solids, 6 (1988)p.45
[63]. M.-A. Nicolet and S. S. Lau, "VLSI Electronics Microstructure Science", Vol.6, "Materials and Process Characterization" ed. by J. Einspruch and G. B. Larrabee, Academic Press, (1983) chap.6.
[64]. Shi-Qing Wang, Material Research Society Bulletin XIX (8) (1994) p.30.
[65]. S. P. Murarka, *"Silicides for VLSI Applications"*, ed. by Academic Press - London, chap.1, 1983.
[66]. M. J. Hampden-Smith and T T Kodas, Material Research Society Bulletin XVIII 68 (1993) p.39-45.
[67]. Chin-An Chang, J. Vac. Sci. Technol. A9(1)(1991)p.98.
[68] A. S. Bereshnai, in Silicon and its binary systems, (Library of congress catalog card n°60 - New York, 1960) p. 53.
[69] Chin An-chang and H. L. Yeh, Appl. Phys. Lett., 49(19) (1986) p.1233.
[70] M.O Aboelfotoh, L.Krusin Elbaum, J. Appl. Phys. 70 (1991) p. 401
[71] U. Gottlieb, F. Nava, M. Affronte, O. Laborde and R. Madar, Electrical transport in metallic TM silicides , by INSPEC, London.N° 14, ch 5 (1995) p.192.
[72] M. Setton, J. Van der Spiegel, J. Appl. Phys. 70, (1991) p 193
[73] R.W. Olesinski, G.J.Abdeschiam, Bull.Alloy.Phase Diagrams.7 (1986) p.193
[74] J.K. Solberg , Acta Cristallogr. A. 34, (1978). p.684
[75] A. Hiraki, M.A. Nicolet and J.W. Mayer, Appl. Phys. Lett. 18, (1971),p.178.
[76]. J. Li, R.S. Blewer and J.W. Mayer, Mater. Res. Soc. Bull. XVIII (6) (1993) p.39-45.
[77]. J. Li, T.E. Seidel, J.W. Mayer, Mater. Res. Soc. Bull. XIX (8) (1994) p.15-18.
[78]. M. Ozawa, F. Hiei, A. Ishibashi and K. Akimoto, Electronics Letters, 29(5) (1993) p.503-505.
[79]. J.H. Jang, H.K. Cho, J.W. Bae, N. Pan and I. Adesida, Electronics Letters, 40(24) (2004) p.30-32.
[80]. C. Kircher, Solid state Electron. 14 (1971) p.507.
[81]. X. Xiao, James C. Sturm, S. R. Parihar, , S. A. Lyon, D. Meyerhofer, S. Palfrey and F. V. Shallcross, IEEE Electron Device Letters, 14(4), (1993) p. 199-201.

[82] Horvath Zs J, Kumar J, Dobos L. Pecz B, Toth AL, Chand S, Karanyi J. The third international Euroconference on advanced semiconductor devices and Microsystems ASDAM2000; 200; p.261

[83]. A. Sarkany, A. Horvath, A. Beck, Appl. Catal. A: Gen. 229 (2002) p.117-120.

[84]. F. Maroun, F. Ozanam, O. M. Magnussen, and R. J. Behm, Science 293 (2002) p.1811.

[85]. J. A. Meier, K. A. Friedrich, and U. Stimming, Faraday Discuss. 121 (2002) 365.

[86]. Chin-An Chang, J. Appl. Phys. 72(5) (1992) p. 1879-1883.

[87]. K N Tu, J. Appl. Phys. 53(1) (1982)p. 428-432.

[88]. Chin-An Chang, J. Appl. Phys. 67(1) (1990) p.566-569.

[89]. I. Ohdomari, M. Hori, T. Maeda, A. OguraH. Kawarada, T. Hamamoto, K. Sano, K. N. Tu, M. Wittmer, I. Kimura and K. Yoneda, J. Appl. Phys. 54(8) (1983)p. 4679-4682.

[90]. C. Quaeyhaegens, G. Knuyt, J. D'Haen and L. M. Stals, Thin Solid Films 258 (1995) p.170.

[91]. C. Benazzouz, N. Benouattas, S. Iaiche and A. Bouabellou, Nucl. Instr. and Meth. B 213 (2004) p.519-522

[92]. H. Ishiwara, T Asano and S. Furukawa, J. Vac. Sci. Technol. B 1(2) (1983) p.256

ANNEXE

Liste des travaux publiés dans le cadre de ce travail :

1) Study on the solid state reaction between bilayered Pd/Au films and silicon substrates

Vacuum, Volume 81, Issue 4, 6 November 2006,
Pages 489-493
C. Benazzouz, N. Benouattas, H. Hammoudi, S. Tobbeche and A. Bouabellou

2) Epitaxial growth of copper silicides by "bilayer" technique on monocrystalline silicon with and without native SiO_x.

Materials Science and Engineering: B, Volume 132, Issue 3, 15 August 2006,
Pages 283-287
N. Benouattas, L. Osmani, L. Salik, **C. Benazzouz**, M. Benkerri, A. Bouabellou and R. Halimi

3) Competitive diffusion of gold and copper atoms in Cu/Au/Si and Au/Cu/Si annealed systems.

Nuclear Instruments and Methods in Physics Research Section B: Beam Interactions with Materials and Atoms, Volume 230, Issues 1-4, April 2005,
Pages 571-576
C. Benazzouz, N. Benouattas and A. Bouabellou

4) Study of diffusion at surface of multilayered Cu/Au films on monocrystalline silicon •

Nuclear Instruments and Methods in Physics Research Section B: Beam Interactions with Materials and Atoms, Volume 213, January 2004,
Pages 519-522
C. Benazzouz, N. Benouattas, S. Iaiche and A. Bouabellou

I want morebooks!

Buy your books fast and straightforward online - at one of the world's fastest growing online book stores! Environmentally sound due to Print-on-Demand technologies.

Buy your books online at
www.get-morebooks.com

Achetez vos livres en ligne, vite et bien, sur l'une des librairies en ligne les plus performantes au monde!
En protégeant nos ressources et notre environnement grâce à l'impression à la demande.

La librairie en ligne pour acheter plus vite
www.morebooks.fr

OmniScriptum Marketing DEU GmbH
Heinrich-Böcking-Str. 6-8
D - 66121 Saarbrücken
Telefax: +49 681 93 81 567-9

info@omniscriptum.com
www.omniscriptum.com

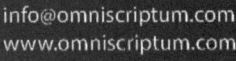

Printed by Books on Demand GmbH, Norderstedt / Germany